과학문화연구 - 8

과학기술 윤리연구

이 저서는 2016년도 전북대학교 연구교수 연구비 지원에 의하여 연구되었음.

과학문화연구 - 8

과학기술 윤리연구

정광수 지음

과학문화연구센터
Science Culture Research Center
SCRC

한국학술정보

머리말

과학·기술의 발달은 이전에 존재하지 않았던 윤리적 문제들을 우리 앞에 직면하게 한다. 생식보조기술의 발달로 '시험관 아기' 생산이 가능하게 되었을 때 인공생식을 통한 아기 생산이 도덕적으로 어떤 문제를 가지고 있지 않은가, '체세포 핵이식' 복제기술을 생식보조기술로 활용하여 이루어질 수 있는 아기 생산, 즉 복제인간의 생산이 도덕적으로 어떤 문제를 야기하지 않을까, 컴퓨터 관련 첨단정보기술의 발달이 개인의 프라이버시 침해 등의 도덕적 문제를 일으키지 않는가, 해킹은 도덕적으로 정당화될 수 있을까 등등이 생명의료기술, 정보통신기술의 발달로 등장한 '생명의료윤리'(bio-medical ethics), '정보통신윤리'(information-technology ethics)의 주요 문제로 등장하게 되었다.

나노기술, 로봇, 인공지능(artificial intelligence), 빅 데이터 등의 발달은 머지않은 장래에 '인조인간'의 출현을 예고하면서 인조인간 생산이 도덕적으로 어떤 문제를 함의하지 않을까 등이 '나노·로봇 윤리'(nano·robot ethics) 등에서 다루어지고 있다.

원자력 관련 기술의 발달은 핵무기의 소형화를 가능케 하고 있는

데 소형 핵무기 개발은 어떤 도덕적 문제를 가지고 있지 않은가, 핵 보유국들이 비보유국의 핵무기 개발을 저지하는 것은 도덕적으로 정당화될 수 있을까 등등이 '핵윤리'(nuclear ethics)에서 다루어지고 있다.

오늘날 과학·기술이 우리 삶과 사회에 주는 영향이 크다는 것을 인식하고 있는 상황에서 그리고 막대한 사금이 투여되는 거대 프로젝트가 대세인 작금에 과학·기술 연구자들이 우리 삶과 사회에 어떤 도덕적 책임을 가지고 있는가, 연구 활동에는 어떤 도덕적 규범이 바탕에 깔려 있는가 등등이 '연구 윤리'(research ethics)에서 분석되고 있다.

윤리학 분야의 기초 영역의 하나인 '이론윤리학'(theoretical ethics), 즉 '규범윤리학'(normative ethics)을 작금의 부닥치는 문제 해결에 응용하는 것이 '응용윤리학'(applied ethics)인지 아니면 보다 더 넓게 응용윤리학을 이해해야 하는지에 관한 논의가 진행되고 있지만 본 저서에서 필자는 주로 전통적인 의미로의 응용윤리학 개념에서 과학·기술의 발달로 부닥치게 되는 윤리적 문제들을 분석, 검토하고자 한다.

본 저서에서 필자는 우선 먼저 철학의 한 분야인 '윤리학'(ethics)이란 무엇인가를 간략히 정리한다. 그리고 윤리학의 기초 영역인 '규범윤리학'의 여러 이론-Kant의 의무론, J. S. Mill의 공리주의, Ross의 '*prima facie* 의무' 이론- 등을 간략히 설명할 것이다.

과학, 즉 자연과학-물질과학, 생명과학-은 20세기, 21세기에 괄목할 만한 성장을 이루어 냈고 기술(과학)-공학, 농학, 의·약학 등-과 힘을 합쳐 인간의 삶과 우리 사회에 막대한 물질적, 정신적 행복 증진을 선사했다는 것을 어느 누구도 부정할 수 없을 것이다.

그렇지만 과학, 기술 그리고 오늘날 그것들의 융·복합의 산물들이 예기치 않았던 윤리적, 사회적 문제들을 야기하고 있다는 것도 부정할 수 없는 현실이 되었다. 복제양 돌리를 생산했던 체세포 핵이식 기술을 생식보조기술로 활용하여 지금 복제인간을 생산하는 경우 그 복제인간은 암 발생 가능성이 아주 높은 인간이나 장애인일 가능성이 높다는 사실이 드러나고 있고, 컴퓨터 관련 정보통신기술 등의 발달은 도덕적으로 정당화될 수 없는 해킹이나 프라이버시 침해 등의 문제를 발생시키고 있다는 것도 엄연한 사실이다.

한편, 인공지능을 장착한 로봇, 즉 인조인간의 출현을 예견하면서 포스트휴먼 시대에 인조인간과 자연인간의 공생은 어떤 윤리적, 사회적 문제를 발생시키지 않을까, 소형화된 핵무기의 국가적 통제가 어려워질 경우 어떤 사회적, 윤리적 문제에 우리가 직면하게 될 것인가, 미국과 중국과 같은 핵보유국들이 북한 등과 같은 핵개발 추진 중인 국가의 개발을 반대하는 도덕적, 사회적 근거는 무엇일까 등등이 우리의 관심사가 되어 있다.

한때 나라 전체를 떠들썩하게 만들었던 '황우석 사건'에서 볼 수 있었던 것처럼 연구자들은 어떤 '윤리' 강령을 준수해야 하는가, 그리고 왜 그러한가 등이 이제 연구자 사회에 있어서 진지한 관심사가 되었다.

과학기술의 발달로 부닥치고 있거나 부닥치게 될 도덕적 문제들을 자세히 분석하고, 어떤 경우는 왜 도덕적으로 부당하고 다른 경우는 그렇지 않은가 등을 밝혀 보는 것이 이 저술의 목적이다. 융·복합이 실제로 이루어지고 있고 그 중요성이 사회적으로 인정되고 있는 작금에 과학·기술과 철학이 소통하고 있는 '과학기술철학연구'(Philosophical Studies of Science & Technology)의 한 영역, 즉 '과학·기술'과 철학의 '윤리학' 분야가 소통하게 되는 학문 영역을 '과학기술윤리연구'(Ethical Studies of Science & Technology)라 명명하면서 본 저서의 이름으로도 사용해 본다.

과학학과(Department of Science Studies)의 학부 및 대학원 주요 교과목 중의 하나인 '과학기술과 윤리' 등을 강의하면서 준비하고 '과학문화연구센터'(Science Culture Research Center) 중심의 시의성 있는 연구 프로젝트를 수행하면서 보다 더 심화시켰던 내용과 각자가 다른 맥락에서 '과학기술윤리연구' 영역의 일부분을 탐구했었던 과학학 동료들의 연구 성과를 토대로 본 저서의 집필을 시작하고 있다. 이 집필에 직간접으로 도움을 주었던 고인석, 장대익, 김건우, 이중원, 홍성욱 교수, 김광암 변호사, 김헌, 이민섭 등과 Derek Parfit의 *Reasons and Persons*를 강의 주교재로 사용했었던 T. Reed 교수께 감사드린다.

2016년 12월 연구실에서

❑ Contents

CHAPTER 01

과학 · 기술

가. (자연)과학의 의미[1]

"과학"("科學")이라는 낱말은 메이지 초기 일본에서 영어의 "science"에 대한 번역어로서 등장하였고, 우리나라와 중국에서도 사용하고 있다. 그렇다면 "science"란 무엇을 의미하는가? 먼저 그것의 어원을 살펴보면, 라틴어의 "scientia", 즉 "알 수 있는"("sciens")의 추상명사에서 유래하고 있으며, 이 점에서 그리스어의 "知"("sophia")에 바탕을 둔 "철학"("philosophia")과 깊은 관계 속에 있다. 실제로 오늘날 자연과학(natural science)이라고 부르는 것을 19세기 초반까지는 자연철학(natural philosophy)이라고 부른 것이 이를 잘 나타내 주고 있다.

"science"의 어원이 앎, 즉 지식(knowledge)과 연관되어 있다는 사실로부터 "과학"에 대한 일반적 정의 "과학이란 지식들의 체계이다"를 이해할 수 있겠다. 여기서 지식이란 몇몇 특징을 갖는 '신념'(belief)이다. 그리고 신념이란 무엇이 어떠하다는 것에 대한 믿음의 상태이고, 신념의 내용, 즉 무엇이 어떠하다는 것을 '명제'(proposition)라고 한다. 어떤 사람 s가 '1 더하기 1은 2다' 또는 '지구는 둥글다'고 믿을 때 그 신념들의 내용, 즉 '1 더하기 1은 2다' 또는 '지구는 둥글다'

---

1) 본 주제에 대한 보다 더 자세한 분석을 『과학기술철학연구』 I부 1, 3장에서 다루었다.

가 명제들이다. s의 신념들이란 명제들에 대한 믿음의 상태들이다.

어떤 신념이 지식이 되려면, 우선 먼저 그 신념의 내용, 즉 명제가 옳아야 한다. s가 1 더하기 1은 1이라고 믿을 수는 있지만 1 더하기 1은 1이라고 알 수는 없다. 예를 들어, 1 더하기 1은 무엇이냐는 산수 문제에 어떤 어린이가 1이라고 답했다면, "그가 1 더하기 1은 1이라고 믿고 있다"고 말할 수 있지만, 그는 1 더하기 1이 무엇인지 모르고 있다. 즉, 알고 있지 않다. 지식의 이 조건을 명제의 '진리성(truth) 조건'이라고 부른다.

그런데 어떤 신념의 내용이 옳기만 하면 그 신념은 지식인가? 예를 들어, 어떤 고대인 a가 우연히 지구가 둥글다는 신념을 가졌었다고 가정해 보자. a의 신념 내용, 즉 지구가 둥글다는 것이 옳다 할지라도, 우리는 "a가 지구가 둥글다는 것을 알고 있었다"고 말하지 않는다. 왜냐하면, a가 그의 신념의 내용, 즉 지구가 둥글다는 것이 옳다는 것에 대한 훌륭한 증거를 가지고 있지 않았기 때문이다. 다시 말해서 a의 신념이 지식이 되기 위해서는 그의 신념이 훌륭한 증거에 의해서 정당화되어야만 한다. 지식의 이 조건을 '정당화(justification) 조건' 또는 '증거(evidence) 조건'이라고 부른다.

결론적으로 지식이란 (최소한) 정당화된 옳은 신념이다. 그런데 신념이란 무엇이 어떠하다는 것에 대한 믿음의 상태, 즉 주관적인 것이므로 "과학"에 대한 "지식들의 체계 또는 체계화된 지식"이라는 정의는 "과학"(또는 "학문")에 대한 주관적 정의라고 할 수 있다. 어떤 사람이 "s가 학문이 높다"고 말한다면, s는 깊고 넓은 체계화된 지식들을 가지고 있다는 것을 의미한다. 여기서 "학문"은 "과학"(또는 "학문")에 대한 주관적 정의를 취하고 있다.

그러나 일반적으로 과학(science)은 정당화된 옳은 신념들의 체계를 의미하기보다는 오히려 그러한 신념들의 내용들의 체계를 의미한다. 즉, "과학"("science")에 대한 객관적 정의 "정당화된 옳은 명제들의 체계"가 일반적으로 사용되고 있다. 그리고 옳은 명제를 우리는 '진리'(truth)라고 부른다. 예를 들면, "a는 a다", "1 더하기 1은 2다", "사식은 쇠붙이를 끌어당긴다", "단풍잎은 가을에 빨갛게 물든다", "지구는 둥글다" 등등이다. 따라서 과학의 의미를 밝히는 일은 "과학"의 일반적 정의 "정당화된 옳은 명제(진리)들의 체계"를 명료하게 분석하는 일이다. 여기서 명제가 옳다는 것은 무엇을 의미하는가, 그리고 옳은 명제들을 어떻게 체계화하는가를 이해하는 일이다.

우리가 "지구가 둥글다"는 명제가 "옳다"고 말할 때, 이 명제의 "옳음"("진리성", "truth")은 이 명제가 이 세상에 존재하는 '지구가 둥글다'는 사실(fact)과 대응(correspondence)함을 의미한다. 그러나 "지구가 편평하다"는 고대인이 믿었던 명제는 그르다. 왜냐하면 이 명제에 대응하는 사실이 이 세상에 존재하지 않기 때문이다. 이처럼 어떤 명제가 옳다는 것이 그 명제가 이 세상의 사실과 대응함을 의미한다고 보는 견해를 진리성(truth)에 대한 '대응설'이라고 부른다.

물론 "옳다"는 단어는 앞의 의미로만 사용하는 것은 아니다. 예를 들어, "1 더하기 1은 2다"는 명제가 "옳다"고 말할 때, 우리는 이 명제에 대응하는 사실, 즉 물리적 사태가 이 세상에 존재한다는 것을 의미하는 것이 아니라, 이 명제가 산술학 체계와 정합(coherence)한다. 즉, 산술학의 기초를 이루는 기초개념, 공리, 규칙들로부터 이끌어 내어진다는 것을 의미한다. 어떤 명제의 옳음이 어떤 개념체계와 그 명제의 정합성이라고 보는 견해를 진리성에 대한 '정합설'이라고 부른다. 일반적으로, (순수)수학과 논리학의 진리는 정합설에서 주장하는 의미로 옳은 명제인 반면에, 자연과학의 진리는 대응설에서 주장하는 의미로 옳은 명제이다.

그런데 과학이란 옳은 명제들을 어떻게 체계화한 것일까? 사람들은 옳은 명제들을 가지고 연역체계를 구성하는 것을 이상으로 삼아 왔다. 가장 모범적인 과학은 옳은 명제들의 연역체계이다. 연역체계가 어떠한 것인가를 이해하기 위하여 플라톤이 아테네 사람들에게 그것을 모르는 자는 자기가 세운 학교 아카데미아에 들어오지 말라고 외칠 만큼 학문의 모범으로 삼았던 '유클리드 기하학'을 살펴보자.

유클리드는 우선 "부분", "길이", "넓이"와 같은 '무정의 용어'들을 가지고 기하학을 전개하는 데 많이 사용되는 "점", "선" 등과 같은 용어들을 '정의'한다. 정의 1은 "점이란 부분이 없는 것이다"이고, 정의 2는 "선이란 넓이가 없는 길이이다"이다. 그리고 정의된 용어들과 다른 무정의 용어들을 가지고 새로운 용어들을 다시 정의한다. 예를 들면, 정의 4는 "직선은 …… 두 점 사이에 있는 곧은 …… 선이다"라고 되어 있다.

또한 유클리드는 그 체계 안에서는 증명되지 않는 명제들, 즉 '공리'와 '공준'을 도입한다. 그다음에 이 정의, 공리 그리고 공준들로부터 '정리'들을 단계적으로 '연역'해 낸다. 결과적으로 기하학 명제들의 이러한 체계는 큰 연역 논증인 셈이다. 따라서 우리는 이 체계를 '연역체계'라고 부른다.

뉴턴 물리학 역시 이러한 연역체계이다. 뉴턴은 물리학의 기초 개념들, 즉 "질량", "힘", "속도", "가속도" 등을 명확하게 정의한다. 그리고 아주 일반적인 물리학적 진리들, 즉 질량불변의 법칙, 에너지 보존의 법칙, 중력법칙, 관성법칙, 작용・반작용법칙 등을 공리로 도입한다. 그다음에 여러 다른 물리학적 진리들, 즉 갈릴레이 법칙, 케플러 법칙 등을 정리로 연역해 낸다. 뉴턴은 자신의 물리학을 기하학과 같은 수학의 체계처럼 연역체계로 구성하였다. 그래서 그는 그의 물리학을 정리한 것을 *Philosopiae Naturalis Principia Mathematica*(자연철학의 *수학적* 원리)라고 발표하였다. 결론적으로, 과학(science, 학문)이란 정당화된 옳은 명제, 즉 진리들의 체계이며, 우리는 그 옳은 명제들을 가지고 연역체계를 구성하는 것을 이상으로 삼는다.

그런데 "science"를 일본에서 "科學", 즉 "科로 나누어진 學문"으로 번역한 이유는 이 번역어가 만들어질 때인 19세기 후반 유럽의 학문상황 때문이다. 이때 유럽에서는 여러 개별 학문영역들, 즉 오늘날 대학 학과의 고전적인 학문영역들(수학, ……, 물리학, 화학, 생물학, ……, 사회학, 정치학, 경제학, ……, 심리학, 철학, 역사학 …… 등등)이 독자적인 대상, 독자적인 방법론 등을 가지고 독립 전문화하는 경향을 현저히 보이고 있었다. "科學"은 넓게는 이러한 개별 학문영역들 모두를 가리킨다.

여기서 과학, 즉 학문이 어떻게 분류되는가를 알아보자. 첫째로, 학문들은 일반성을 기준으로 '철학'(philosophy)과 '특수학문'(particular science)으로 나누어진다. 철학이란 "인간・세계・인간의 행위들에 관한 가장 고도로 일반적인 신념들에 대한 비판적 반성 결과들의 체계"라고 정의된다. 철학의 주제가 자연, 인간 그리고 사회 전반에 걸친 일반적 주제라면, 물리학, 역사학 그리고 사회학과 같은 특수학문들은 이것들의 어떤 특수한 부분을 주제로 삼는다. 그리고 철학, 물리학, 역사학, 사회학 등 어떤 학문이든지 최종 학위를 영어로

Ph.D, 즉 Doctor of Philosophy(in x)라고 부르는 것은 이 학위를 받는 사람들이 가장 일반적 수준, 즉 철학적 수준에서 해당 학문을 할 수 있는 최소한의 자격을 갖추었다는 것을 뜻하기 때문이다.

둘째로, 학문의 주제는 가장 근원적으로 형식적 주제와 경험적 주제로 나누어지고, 형식적 주제를 다루는 학문들을 '형식과학'(formal science) 그리고 경험적 주제를 다루는 학문들을 '경험과학'(empirical science)이라고 부른다. 형식과학에는 논리학, (순수)수학 등이 속하는데, "a는 a다"라는 논리학의 명제 또는 "1 더하기 1은 2다"라는 수학의 명제들은 순전히 사고의 형식에 관한 명제들이다. 이러한 옳은 명제들을 체계화시켜 놓은 것이 형식과학이다. 반면에 경험과학은 우리가 이 세계 속에서 경험하게 되는 사물과 사실에 관한 옳은 명제들, 즉 경험적 진리들의 체계이다. 논리학, 수학, 통계학, 전산학 등과 같은 소수의 학문 분야들을 제외한 대학에서의 대부분의 학문 분야들이 경험과학에 속한다.

셋째로, 경험적 주제는 크게 인간, 사회, 자연에 관한 주제들로 나누어진다. 그래서 경험과학은 '인문(과)학'(humanities), '사회과학'(social science) 그리고 '자연과학'(natural science)으로 나누어진다. 인문과학이란 값어치 있는 인생과 문화적 주제들에 관한 진리 탐구를 목표로 삼는 학문영역으로 언어학, 어문학, 역사학, 윤리학, 문화인류학 등이 여기에 속한다. 사회과학이란 사람들의 여러 사회적 행위들에 관한 진리 탐구를 목표로 삼는 학문영역인데, 사회학, 지리학, 정치학, 경제학, 심리학, 법학, 행정학, 경영학, 교육학, 가정학 등이 속한다. 자연과학이란 자연의 물리적, 화학적 그리고 생명현상 등에 관한 진리 탐구를 목표로 삼는데, 물리학, 화학, 생물학, 지질학, 천문학, 분자생물학, 공학, 농학, 의학, 약학 등이 속한다. '과학학'(science studies)은 자연과학과 인문·사회과학의 간학문적(間學問的, interdisciplinary) 성격을 지닌 학문 분야인데, 형식과학인 수학이 인문·사회과학보다 자연과학적 탐구에서 널리 사용되는 실질적 이유 때문에 수학과가 자연과학대학에 속해 있듯이, 과학학의 대상이 과학, 즉 자연과학이기 때문에 과학학과가 자연과학대학에 속해 있다.

넷째로, 학문을 연구하는 사람들의 동기나 목적의 종류에 따라 '순수학문'(pure science)과 '실용학문'(practical science)으로 나누어진다. 순수학문이란 우리의 순수한 지적 욕구를 충족시켜 주는 학문들이다. 예를 들어 철학, 수학, 역사학, 사회학, 물리학, 생물학 등등이다. 반면에, 실용학문이란 우리가 살아가면서 부닥치는 실질적인 문제들을 해결하기 위한 진리들의 체계인데 전산학, 법학, 경영학, 도서관학, 공학, 의학, 교육학 등등이다.

다섯째로, 학문들의 논리적 순서에 따라 '기초학문'(basic science)과 '응용학문'(applied science)으로 나누어진다. 어떤 학문이 성립하기 위하여 먼저 확립되어 있어야만 하는 학문을 논리적으로 앞서는 학문이라 한다. 예를 들어, 기계공학이 성립하기 위하여 수학, 물리학 등이 논리적으로 앞서는 학문이다. 논리적으로 무엇보다도 앞서는 철학, 논리학, 수학, 역사학, 사회학, 물리학 등의 순수학문 전반을 일반적으로 기초학문이라고 부른다. 그리고 이 기초학문을 이용하는 학문 분야, 즉 법학, 경영학, 가정학, 공학, 의학 등의 실용학문 전반을 응용학문이라고 부른다.

여섯째로, 암 연구의 경우에서처럼 어떤 한 주제에 관하여 여러 학문들이 협동으로 연구하는 경우에 그 참여 학문들의 역할에 따라 '기본학문'(main science)과 '보조학문'(auxiliary science)으로 나누어지기도 한다. 암 연구의 경우에는 생물학, 의학이 기본학문이 되고 심리학, 전기공학 등까지의 여러 학문들이 보조학문으로서 협조하고 있다.

마지막으로, 과학자들의 행위의 종류에 따라 '이론과학'(theoretical science)과 '실험과학'(experimental science)으로 나누어지기도 한다. 과학자의 행위는 크게 이론화작업(theorizing)과 실험작업(experimentation)으로 나누어진다. 이론화작업이란 가설을 만들거나 관찰명제들과 법칙·이론들을 논리적으로 체계화하는 일이고, 실험작업이란 자연의 상수를 발견하거나, 거친 추측을 가설로 만들거나, 가설을 입증 또는 반증하기 위하여 관찰, 실험하는 일이다. 이론화작업 행위 전반을 이론과학이라 부르고, 실험작업 행위 전반을 실험과학이라 부른다.

그런데 일반적으로, 현재는 "과학"("科學", "science")은 위와 같이 분류되는 여러 학문영역 중에서 '자연과학'을 가리키는 것으로 사용되는 것이 보통이며, "과학적"("scientific")이란 형용사의 경우에는 특히 "자연과학적"이란 형용사와 동의어로만 사용된다고 보아도 좋다.

자연과학이란 물리학, 화학, 생물학, 분자생물학, 지질학, 천문학 등과 같은 자연에 관한 옳은 명제들의 체계인데, 그 명제들은 관찰보고로부터 이 관찰명제들을 설명하는 법칙 그리고 고도로 추상적인 이론까지를 포함한다. 그리고 본 저서에서 대개 "과학"이라는 용어는 순수, 기초학문으로서의 '자연과학'을 가리키는 것으로 사용할 것이다.

끝으로, "과학"이란 용어는 과학적 관찰과 이해라는 목표를 추구하고 있는 '*과학자*라는 *인간*의 제반 *행위*들' 전부를 가리키는 것으로 사용되기도 한다. 그리고 인간의 *행위*에 대해서 우리는 (올바르다거나 그렇지 않다는) *도덕적* 판단을 내린다.

나. 과학의 분류

순수·기초학문의 성격을 갖는 (자연)과학은 자연에 대한 경험적 진리 획득, 체계화를 목표로 삼는데, 대상, 즉 자연의 어떤 현상에 관심을 갖는가에 따라 물질과학과 생명과학으로 나누어진다.

물질과학

자연의 물리, 화학적 현상에 대한 이해를 목표로 삼는 분야를 물질과학(material science)이라 하는데 물리학(physics)과 화학(chemistry) 등이 이 영역에 속한다. 학문의 이상적 모델로 삼았던 유클리드 기하학 이후 경험과학의 영역 중에서 뉴턴의 프린키피아가 완성됨에 따라 처음으로 물리학 분야가 성숙한 학문으로서 우리 앞에 자리 잡게 되었다.

한편, 멘델레프의 주기율표 완성 등에 힘입어 물질과학의 화학 분야가 물리학에 이어 성숙한 학문으로서 자리 잡게 되었다. 유클리드 기하학, 뉴턴 물리학, 화학 등의 체계 완성에 매료된 칸트는 『순수이성비판』이라는 책에서 그런 학문 체계가 어떤 철학적 기초 위에 완성될 수 있었는가를 보이고자 노력하였다.

생명과학

자연의 생명현상에 대한 이해를 목표로 삼는 분야를 생명과학(life science)이라 하는데 생물학(biology)과 분자생물학(molecular biology) 등이 이 영역에 속한다. 다윈의 진화론과 유전학의 발달은 현대 생물학 체계를 이룩하였고 발생, 유전현상, 심리현상 등과 같은 생명현상에 대한 물리, 화학적 접근을 하는 분자생물학의 출현은 생명과학을 한 단계 업그레이드 하였다.

생명과학을 물리 · 화학으로 환원하고자 하는, 다시 말해, 생명체를 기계론적으로 이해하고자 하는 환원주의는 '발견적 지침'(heuristic device)으로 사용되고 있을지라도 환원주의의 완벽한 승리가 아직 이루어지지 않은 상황에서 생명과학은 물질과학과 독립적인 위상을 견지하고 있는 것이 현실이다.

기술(과학)

기법(technic)들에 대한 이론적 체계를 기술(technology) 또는 기술(과)학(technology)이라고 하는데, 앞에서 분류한 학문의 영역들 중에 (자연)과학의 실용, 응용학문인 공학, 농학, 의 · 약학 등을 지칭하는 단어로 사용되고 있는 것이 일반적이다.

과학(science)에 비하여 기술(technology)이 학문 분야로서 자리 잡음이 비교적 늦은 이유를 기술철학자 돈 아이디는 서양의 관념론적 전통 아래 개념체계로서의 과학보다 실천적 성격이 강한 기술에 대한 경시 풍조에서 찾고 있다. 하지만 유물론적 철학이 강세를 보이면서 점차 기술에 대한 관심이 자연스럽게 증대되었다. 한편, 인간사회의 실용적인 측면을 중시하는 오늘날의 경향은 기술의 위상을 상대적으로 높여 놓았다.

이런 상황에서 기술철학자들은 과학이 기초가 되어 그것의 응용으로서 기술인가 아니면 과학과는 다른 역사를 지니고 오히려 기술이 기초가 되어 과학이 싹트게 되었는가, 기술은 가치중립적인가 아니면 가치와 관련을 가질 수밖에 없는가 등의 문제를 다루고 있다.

다. 과학 · 기술의 가치[2)]

대학을 우리는 '학문의 전당'이라고 부른다. 대학생활을 통해서 학생들은 다양한 종류의 경험들을 쌓아 가겠지만 대학생으로서의 가장 중요한 일거리 중의 하나는 지적인 호기심과 정직성을 바탕으로 체계적 지식을 습득하는 일이다. 그런데 왜 우리는 고등학교까지 학교 공부에, 그리고 대학생활과 '평생교육'이란 말이 시사하듯이 죽는 날까지 학문하는 일에 값진 시간과 노력을 투자해야 하는가? 그 답은 아마 학문하는 일이 무척 값어치 있는 일이기 때문일 것이다. 그렇다면 학문의 가치는 무엇인가? 다시 말해서, 학문은 우리의 인생에 어떤 도움을 주는가? 그리고 특히 '과학과 기술의 가치'는 무엇인가?

사람은 살아가면서 신체적 행위 · 정서적 행위 · 종교적 행위 · 도덕적 행위 · 지적 행위 등을 행하는데, 정상적인 경우에 이 모든 행위들은 궁극적으로 자신 또는 남의 행복을 증진시키는 것 또는 불행을 감소시키는 것을 목표로 삼는다. 우리의 지적 행위, 즉 학문하는 일은 우리에게 행복을 증진시켜 주는 바람직한, 가치 있는 일이다. 예를 들어, 무지(無知)한 인간, 미신에 사로잡혀 사는 인간, 그리고 해결해야 할 지적 문제들을 가지고 있는 사람의 불안과 답답함이 지

2) 보다 더 자세한 분석을 『과학기술철학연구』 I부 4장에서 다루었다.

식을 습득하고, 합리적이고 과학적 사고를 통해서 미신으로부터 해방되고, 문제들을 해결하여 행복해진다. 이렇게 학문하는 일은 개인의 무지와 미신 그리고 지적 혼란으로부터 그 자신을 벗어나게 해 줌으로써 그 자신에게 행복감을 안겨 준다. 다시 말해서, 우리는 학문을 통하여 지적 호기심을 충족시키고, 무지로 인한 지적 부자유로부터 벗어남에 의하여 행복해진다.

더욱이 우리는 어떤 개인의 무지가 다른 사람에게 큰 불행을 초래하는 경우들을 경험한다. 예를 들어, 어떤 사이비 종교 교주의 무지가 그를 따르는 신도들의 죽음이라는 큰 불행을 낳는 것을 접하게 된다. 인류의 스승들 중의 한 사람인 소크라테스가 그렇게 '무지에 대한 지'를 강조하면서 '무지'에 대한 경계를 게을리하지 말 것을 당부한 이유를 여기서 찾아볼 수도 있겠다. 다시 말해서, 어떤 개인의 지식 습득은 자기 자신뿐만 아니라 타인의 불행을 막고, 타인의 행복을 증진시키는 역할을 한다.

또한 옳은 명제들, 즉 진리들의 체계 또는 체계화된 지식으로서의 학문은 "모든 p는 q이다"라는 보편명제 형식을 갖는 법칙과 같은 '일반적' 지식을 포함하는데, 우리는 이것을 토대로 예측을 할 수 있다. 예를 들어, 기상학에서 발견해 낸 태풍에 관한 법칙들과 같은 일반적 지식을 토대로 우리는 어떤 태풍 발생을 '예측'할 수 있고, 결과적으로 그 태풍에 의한 피해를 막거나 줄일 수 있다. 다시 말해서, 자연과학의 경우를 예로 들자면, 자연의 보다 많은 '법칙'들을 찾아내고 '이론'화 작업을 통한 자연에 관한 보다 더 깊은 이해를 바탕으로 구축된 고도로 일반적인 지식들을 토대로 우리는 예측을 하거나 부분적으로 자연을 조절·통제할 수 있게 된 결과로 많은 경우에 불행을 줄이고 행복을 늘릴 수 있게 되었다. 여기서 우리는 베이컨이 주장한 "아는 것이 힘이다"라는 명제가 무엇을 의미하는가를 이해할 수 있겠다.

결론적으로 학문하는 일은 대부분의 경우에 개인 또는 인간 사회에 행복을 증진시켜 주는 바람직한, 즉 가치 있는 일이다. 그러나 때때로 과학자들의 행위 그 자체 또는 성과 활용이 인간 사회에 불행을 낳기도 한다. 예를 들어, 과학기술 발전에 힘입어 이루어진 산업화, 그리고 도시화로 인한 공해문제 등은 인간 사회에 큰 불행을 안겨 주곤 한다. 그렇지만 이러한 불행을 가장 효과적으로 막는 길도 환경공학, 환경윤리 같은 과학(학문)의 안내로 찾아지고 있다.

근·현대사회는 여러 문화 영역 중에 과학 특히 자연과학의 발전과 성과가 돋보이고 있다. 또한 자연과학의 철학, 심리학, 사회과학, 종교, 예술 등에 대한 영향도 증대되었다. 그런데 왜 우리는 자연과학의 발전에 보다 많은 노력을 기울이고 있는가? 첫째로, 자연의 여러 신비스러운 현상은 우리의 지적 호기심을 유발시키기에 충분하고 그것에 대한 원인을 찾아내서 그 현상을 설명해 보고자 하는 노력은 아주 당연한 일이고, 자연재해의 무서운 위력의 공포로부터 벗어나고 부분적으로나마 그 피해를 줄이기 위한 정확한 예측을 위하여 그 원인과 규칙성을 찾아내는 것이 필요하다. 그러한 노력은 자연과학의 순수영역들인 물리학, 화학, 생물학, 분자생물학, 천문학, 지질학 등에 있어 우리를 보다 깊고 높은 수준에 도달하게 했다.

둘째로, 이러한 순수학문의 노력으로 얻어진 진리들의 체계를 응용한 결과로 얻어진 실용학문 분야, 즉 공학, 농학, 의·약학 등의 기술과학(technology)은 우리의 생존과 생활에 실질적인 도움을 제공한다. 그런데 최근의 경향은 순수·기초학문인 자연과학과 기술과학 그리고 더 나아가 인문·사회과학과의 상호 영향, 융·복합이 증대되고 있다. 자연과학연구가 기술과학의 기초를 제공하고, 자연과학연구에 기술과학이 제공하는 기술적 협조가 절실히 필요해졌다. 예를 들어, 인간게놈프로젝트의 연구기간 단축은 일본 기술자의 분석기술 발전에 힘입은 바가 크다.

한편, 최근 우리나라에서 전개된 '과학(비즈니스)벨트' 사업이 보여 주듯이, 자연과학 연구-기초과학연구원 설립, 중이온 가속기 건립 등-를 신소재 개발과 같은 재료공학, 암 치료와 같은 의학 분야 등에 응용하여 직간접으로 얼마나 '경제적 가치를 창출'할 것인가, 직간접으로 얼마나 '고용 증대의 효과'가 있을 것인가, 자연에 존재하지 않았던 새로운 원소 발명은 우리에게 '노벨과학상'을 안겨 주지 않을까 등의 문제와 연결시키면서, 자연과학 연구에 대한 사회과학적 논의에 뚜렷이 불을 지폈다. 이러한 상황은 자연·기술과학과 인문·사회과학 그리고 전자, 후자의 복합학문인 '과학기술학'(science & technology studies)과의 협동연구 필요성을 절실히 확인시켜 주고 있다.

이렇게 자연과학의 순수영역은 우리에게 지적 호기심을 충족시켜 주는 자연에 관한 일반적이고 체계적인 지식을 제공하여 주고, 이 영역은 간접적으로 그리고 응용되어 직접 우리의 생존과 생활의 기본적이고 필수적인 요건들에 대한 양적·질적 향상을 제공함으로써 행복증진에 큰 역할을 한다. 다만 과학·기술의 오·남용 그리고 미처 예견하지 못했던 잘못된 사용에 의한 불행 증진과 같은 부정적 요소를 줄이기 위한 노력을 게을리하지 않아야 하는 것이 우리의 숙제이기도 하다.

라. 포스트모던 시대 과학의 특징: 과학기술

책이름은 기억나지 않지만 대학시절 교양서적의 한 권으로 읽었던 책 한 구절이 생각난다. 그 책의 저자는 유럽 실존주의자의 한 사람이었던 것으로 기억한다. 그에 의하면, 서구의 역사에 많은 이름의 문예사조가 등장하지만 일반적으로 서구의 역사는, 문예사적으로 볼 때, 감성과 정서에 더욱 의미를 부여하는 '주정주의'와 이성과 지성에 그것을 부여하는 '주지주의'의 반복이었다는 것이다. 역사시대의 시작인 '신화'의 시대는 자연현상까지도 의인법, 은유 등을 사용하여 정서적으로 이해하였다. 아마 인간의 지식과 정보 축적이 상대적으로 적은 상황에서 여러 지적 호기심을 지적 이해보다는 정서적 이해를 통한 심리적 만족감으로 충족시킬 수밖에 없었을 것이다.

하지만 인간의 이성과 지성이 활발히 활동하여 그 성과물들이 쌓이면서 '고대'는 점차 이성과 지성에 바탕을 둔 철학, 즉 학문의 시대를 열었고, 유클리드, 탈레스, 파르메니데스, 헤라클레이토스, 데모크리토스, 소크라테스, 플라톤, 아리스토텔레스 등에 의해서 꽃을 피우게 되었다. 인간이 생물학적으로는 동물이지만, 가장 모범적인 인간이 가져야 할 특성으로 '이성'을 지적하면서, 아리스토텔레스는 '인간'(더 정확히 말하면 '모범적' 인간상)을 '이성적 동물'이라고 규정하였다.

신 중심의 '중세'는 인간의 이성적 활동보다는 신앙을 더욱 중시하는 사회적 합의를 이루었다. 그리고 사랑과 같이 인간의 감성과 정서적 덕목을 더욱 중시하는 사회적 풍토는 이성 보다는 상대적으로 감성과 정서를 더욱 가치 있는 것으로 받아들이게 되었다. 다시 말해, ‘주정주의’의 시대라고 말할 수 있겠다.

르네상스, 종교개혁, 과학혁명, 산업혁명을 거치면서 ‘근 · 현대’는 신앙으로부터 이성으로, 교회에서 실험실로의 변화를 통하여, 지식들의 체계로서의 과학과 그 응용으로서의 기술의 시대를 맞았다. 그리고 인간의 지적 호기심도 정서적 접근이 아니라 과학적 설명을 토대로 지적 이해를 통하여 충족되었다. 즉, 근 · 현대는 ‘주지주의’ 성향이 돋보였던 시대라 말할 수 있겠다.

그렇다면 우리가 살고 있는 최근의 ‘포스트모던’ 시대는 ‘주지주의’의 연장선일까, 아니면 종교는 아닐지라도 예술 등이 우세한 ‘주정주의’가 재등극하는 시대일까? 일반적으로 볼 때, 포스트모던의 특징은 이성 · 지성과 감성 · 정서의 ‘복합’ 또는 ‘융합’으로 말할 수 있지 않을까? 과학과 예술이 만나고, 과학에서 얼마나 상상과 직관적 요소가 중요한가를 인식하고, 예술에서 관찰과 실험 그리고 과학기술의 도구적 사용이 얼마나 현실이 되었는지를 인식하면서, 이제 서로에 대한 배타적이기보다는 상호보완적 태도가 스테레오 타입이 되어 가고 있다. 포스트모던의 스테레오 타입은 ‘주지 & 주정주의’라고 해야 되지 않을까? 그래서 작금의 유행어 중에 ‘복합’, ‘융합’, ‘통섭’, ‘소통’ 등이 등장하고 있을 것이다.

학문 그리고 과학 · 기술의 영역에서도 이러한 추세가 일어나고 있다는 것은 이제 상식이 되었다. 화학물리, 물리화학, 생화학, 분자생물학 등과 같이 물질과학 내에서 그리고 물질과학과 생명과학의 융 · 복합은 이미 오랜 역사를 가지고 있다.

한편, 고체물리와 긴밀한 관련을 갖고 있는 반도체학은 기술과학의 영역이었던 화학공학, 재료공학 등과 뗄 수 없는 공동 작업을 하는 학문 영역이 되었고, 입자물리, 핵물리 영역은 원자력공학 등과 경계를 긋기가 모호하게 되어 가고 있다. 과거 응용, 실용학문, 즉 기술과학의 범주에 속했던 농학 중심의 '농과대학'은 대학 명칭을 '생명과학대학'으로 개명하는 추세이고, 많은 생명과학 전공자들이 공과대학, 의·약학대학 전공자들과 함께 연구를 진행하고 있다.

앞에서 살펴보았듯이 (자연)과학과 기술(과학)이 근·현대에는 의미와 역사가 뚜렷이 구분되었었지만, 작금 포스트모던 시대에는 두 영역의 구분이 점차 모호해 가고 있는 것이 특징이다. 그러한 경향을 보이는 이유를 두 영역의 상호보완적 소통이 학문의 상황에서 필수적이게 되었고, 상대적으로 경시되었던 기술(과학)에 대한 최근의 현실적 중시 태도에서 찾을 수 있겠다.

하지만 역설적으로, 순수·기초학문의 가치를 인식하는 것도 중요하다. 왜냐하면 과학과 기술의 의미 있는 융·복합은 양방의 정체성이 견고하고 서로에 대한 우호적, 관용적 이해를 바탕으로 실제 이루어질 수 있기 때문이다.

그렇다면, 기술(과학)에 대해서 상대적으로 (자연)과학의 가치는 어디서 찾을 수 있을까? 기술(과학)에 대해서 (자연)과학은 보다 더 *일반적* 주제를 다루기 때문에 보다 더 *추상적*인 성격을 지니고 있다. 추상화가 구상화보다 훨씬 더 애매, 모호성을 가지고 있지만 비싼 값에 거래될 수 있는 이유는, 다시 말해, 추상적, 일반적 사고의 가치는 그러한 사고가 보통보다 조금 더 '깊이 생각'하고, 조금 더 '멀리 생각'한다는 것이다.

*기술*에 비해 상대적으로 추상성이 더 높은 *과학*의 탐구 결과, 즉 보다 더 일반적 신념들의 집합이 영향을 미치는 범위가, 보다 덜 추

상적, 일반적 신념들의 집합인 *기술*이 영향을 미치는 부분보다 훨씬 넓다. 예컨대, 어떤 집의 전기 고장을 수리하는 전기 기술자의 미숙함이 발생시키는 피해보다도 어떤 전기공학자의 그른 신념이 전기 관련 영역에 줄 피해의 정도는 훨씬 크다고 생각된다. 즉, (자연)과학의 하나인 물리학과 관련을 맺는 기술(과학)의 하나인 공학이 잘못되었을 경우에 입힐 피해의 정도보다도 물리학이 잘못되었을 때 입힐 피해의 정도가 상대적으로 크다는 것이다.

학문의 가치가 자신과 타인의 정신적, 물질적 행복을 양적, 질적으로 증진시키고 불행을 감소시키는 것이라면, 행복 증진 또는 불행 감소의 정도를 보다 크게 갖도록 해 주는 과학이 기술에 비해서 학문으로서의 가치가 더욱 크다고 할 수 있겠다. 이런 점에서 기술에 비해 과학의 상대적 가치가 높다는 것에 대한 인식도 우리에게 아주 중요하다고 생각된다.

결론적으로 포스트모던 시대의 융·복합적 스테레오 타입 태도는 "과학"("science"), "기술"("technology")이라는 두 독립적인 용어들의 합성인 "과학·기술"("science & technology") 그리고 더 나아가 "과학기술"이라는 새로운[3] 용어의 사용을 보편화시키지 않을까?

한편, 21세기 과학기술의 또 다른 특징 중의 하나는 전통적 '과학적 방법'- '관찰과 실험', '일반화의 방법', '가설의 방법'- 외에 이론(theory)이 '컴퓨터 사용'('computation')을 통하여 전개 그리고 탐구되고 있다는 점이다. 그리고 '컴퓨터 사용'과 '관찰·실험'이 생성한

3) 어떤 사람은 한국 또는 한자권 국가에서 이미 "과학기술" 또는 "과기"("科技")라는 용어를 사용하고 있다고 지적할지 몰라도 그것들은 영어 "technology"- "과학적 수단"을 지시하는 것이라서 지금 맥락에서의 "과학기술"과는 다른 것이다. 이런 까닭에 지금 맥락에서의 "과학기술"이라는 용어는 '새로운' 용어라고 말할 수 있겠다.

'데이터'('**data**')와 구동 이론에 의해서 가설이 발견되고 있다는 점이다. 다시 말해, 천재적인 과학자 개인의 머리에서가 아니라 공동 작업의 결과로 막대한 양이 축적되어 있는 '빅 데이터' 사용에 의해서 가설들이 발견되고 있다는 점이다. 과학적 탐구에 있어서 '컴퓨터 사용'과 '데이터' 사용이 아주 중요한 요소가 되었다는 점이다.[4)]

그리고 학문 분야 사이의 협력과 소통이 일반화된 포스트모던 시대 과학은 개인, 연구 공동체, 국가 간의 공동, 집단 연구가 일반화되어 가고 있다. 그래서 연구 단위에 투여되는 인적자원, 연구비 규모가 거대화되는 것이 또 하나의 특징이다. 그리고 빅 데이터 활용이 일상화되어 가면서 그 상황은 더욱 가속되고 있다. 그래서 '거대 과학', '집단 지성', '집단 지식' 등의 개념이 등장하고 있다.

4) Hong-Gee Kim, "Philosophy of Semantics based Data Intensive Science" 참조.

CHAPTER 02

윤리학

가. 윤리학(도덕철학)의 의미[5)]

우선 먼저 윤리학, 즉 도덕철학이 세부 분야로 소속되어 있는 학문, '철학'에 대해서 살펴보자. 특수학문들(special sciences)과는 달리 철학(philosophy)은 일반적 주제를 다루기 때문에 아주 추상적인 성격을 지니고 있다. 추상화가 구상화보다 훨씬 더 애매, 모호성을 지니기 때문에 이해가 어려운 것처럼 철학도 이해하기 쉽지 않음을 지니고 있는 학문이다. 노벨문학상을 받은 몇 안 되는 철학자인 러셀도 철학이 무엇이라고 아무리 설명해도 학생들이 이해하는 눈빛을 보이지 않자 "철학은 철학과에서 배우는 학문"이라고 외치고 말았다는 일화도 있다.

칸트도 "철학"보다는 상대적으로 구체성이 더 있는 "철학한다"를 먼저 살펴보았다. 철학한다는 것은 이성에 의해 생각하는 것의 일부인데, 보통보다 조금 더 '깊이 생각'하는 것이다. 우리는 상식, 지식, 학문의 수준 각각에서 생각하며 산다. 그런데 '재산을 많이 가지면 행복하다'는 상식, '우주가 팽창하고 있다'는 지식, '양자역학 체계가 가장 옳음 직하다'는 학문의 수준에서 생각하는 것보다 한층 더

5) 본 내용의 일부를 『과학기술철학연구』 2부 1, 3장에서 다루었다.

깊이 생각하면서, 예를 들어 앞의 상식, 지식, 학문의 주장들은 어떤 문제점 없이 정말 정당한 것들인지 생각해 보는 것은 각각에 대해서 철학하고 있는 것이다.

철학한다는 것은 또한 보통보다 조금 더 '멀리 생각'하는 것이다. 예를 들어, 현재의 에너지 수요와 경제적 효율성에 입각하여 원자력 발전소를 계속 증축한다는 생각이 미래사회를 고려할 때 어떤 문제점이 있지 않을까 생각해 보는 것은 그것에 대해 철학하는 것이다. 한편, 어떤 특정 종교 사회에서 믿고 있는 신이 다른 종교 사회에서 믿고 있는 신보다 월등하게 나은 것인가 생각해 보는 것도 그것에 대해 철학하는 일일 것이다.

따라서 철학한다는 것은 생각을 많이 하게 되는 것인데 '사리에 맞고 논리가 정연'하여야 철학한다고 말할 수 있다. 즉, 옳거나, 옳음 직하다고 믿는 것에 기반을 두어 어떤 결론을 이끌어 내야 한다. 그리고 생각하여 어떤 결론을 이끌어 낼 때 결론과 그것의 증거나 이유, 즉 전제와의 관계가 논리적으로 타당하여야 한다.

그런데 철학을 할 때 우리는 무엇에 대해서 하고 있는 것일까? 다시 말해, 철학하는 것의 대상은 무엇일까? 그것은 존재일반으로서의 '세계', 그중의 바로 우리 '인간' 그리고 '인간의 여러 행위'(지적, 과학적, 기술적, 도덕적, 사회적, 정치적, 경제적, 예술적, 문화적, 종교적, 신체적 행위 등등)에 관한 '가장 근원적이고 포괄적인 물음' 그리고 앞선 철학자들의 그 물음에 대한 '답변' 기록이다.

결과적으로 철학은 '인간・세계・인간의 행위에 관한 근원적이고 포괄적인 물음(그리고 그 답변 기록)에 대한 상식, 지식, 학문적 수준의 믿음에 대하여 한층 더 깊고 멀리, 사리에 맞고 논리적으로 생각한 결과들을 모아 놓은 것'이라고 말할 수 있겠다. 그리고 상식, 지식, 학문적 수준의 믿음들이 진리, 도덕적 선, 정의, 미적 가치 등에 비추어 볼 때 정말 올바른 것인지, 훌륭한 근거를 가지고 있는 것인지 깊고 멀리 음미해 보는 것을 그러한 믿음들에 대하여 '비판적으로 반성'하는 것이라고 말한다.

따라서 학문으로서의 '철학'은 '인간 · 세계 · 인간의 행위에 관한 근원적이고 포괄적인 물음(그리고 그 답변 기록)에 대한 비판적 반성 결과들의 체계'라고 말할 수 있겠다.

철학은 전통적으로 크게 네 영역으로 나누어진다고 볼 수 있다. 그 영역들은 방법론, 인식론(지식론), 존재론(형이상학), 가치론이다. 첫째로, '방법론' 영역은 말 그대로 철학의 방법에 관한 탐구 영역이다. 이 영역은 철학의 방법이 논리적 분석과 개념 분석이기 때문에 논리와 개념, 낱말, 언어를 다루는 '논리학'(logic), '언어철학'(philosophy of language) 등이 세부 분야이다.

'인식론' 영역은 '지식이란 무엇인가?', '지식을 얻는 방법들은 무엇인가?', 진리성, 확실성 등에 대한 탐구 영역인데, '지식론'(theory of knowledge), '수리철학'(philosophy of mathematics), '논리철학'(philosophy of logic), '자연과학철학'(philosophy of natural science), '생명과학철학'(philosophy of biological science), '사회과학철학'(philosophy of social science) 등이 세부 분야이다.

'존재론' 영역은 존재일반, 즉 '세계' 그리고 그 안의 우리 '인간'의 '본질적 속성'은 무엇인가, "'정신'적인 것일까, '물질'적인 것일까, 양자 모두일까?", "'신'은 무엇이고, 존재하는 것일까 아니면 단지 개념일 뿐인가?" 등의 문제에 대한 탐구 영역이다. 세부 분야로는 '형이상학'(metaphysics), '정신철학'(philosophy of mind), '종교철학'(philosophy of religion) 등이다.

끝으로, '선'이라는 가치, '미'라는 가치를 다루는 '가치론' 영역은 세부 분야로 '올바른(right) 행위의 기준'은 무엇인가, '훌륭한'(good) 삶이란 무엇인가 등의 문제를 다루는 '윤리학'(ethics), 즉 '도덕철학'(moral philosophy) 그리고 '사회철학'(social philosophy), '정치철학'(political philosophy), '역사철학'(philosophy of history)과 '아름다움'의 기준은 무엇인가, 객관적인 것인가 아니면 주관적인 것인가 등의 문제를 다루는 '미학'(aesthetics), 즉 '예술철학'(philosophy of art) 등이다.

이제 '윤리학'(ethics), 즉 '도덕철학'(moral philosophy)이 무엇인가에 대하여 살펴보자.

우리는 인간의 행위에 대하여 '올바른'(right) 행위 또는 '올바르지 못한'(wrong) 행위라는 가치 판단을 내린다. 그리고 '왜' 그 행위가 올바른지, 올바르지 못한지를 설명코자 한다. 이 영역에 대한 학문을 우리는 '윤리학' 또는 '도덕철학'이라고 지칭한다.

고등동물인 인간의 정신 활동은 이런 도덕적 판단을 내릴 수 있게 해 주었다. 선사시대와 역사시대를 이어 주는 역사시대의 출발인 '신화'의 시대 기록들, 예를 들어, '단군신화'등을 살펴볼 때, 인간은 이미 선사시대부터 이런 판단을 내리고 그 판단의 근거를 가지고 살았던 것으로 추정된다.

동·서양 구분 없이 '신화' 속에서 우리는 도덕과 관련된 기록들, 예를 들어 고조선 단군신화의 '8조금법' 등을 찾을 수 있다. 철학, 즉 학문의 시대라 일컬어지는 고대에는 아리스토텔레스의 '니코마

코스 윤리학' 등 도덕에 관한 학문적 체계가 등장하고 있다. 그리고 아리스토텔레스 '덕'(virtue)윤리의 기초개념인 '중용'은 공자 도덕체계의 주요 기초 원리이기도 했다.

종교라는 문화 영역이 사회의 가장 중요한 요소였던 중세는 종교의 경전들에 인간 도덕과 관련된 언질들이 중요한 부분을 차지하고 있다. 예를 들어 성경에서 나오는 '십계명'의 5번째부터 10번째 율법은 도덕적 언질들이다. 공자의 유교 경전에도 많은 도덕적 언질들이 포함되어 있다. 동·서양의 종교에 스며들어 있는 윤리의 기본 원리들-예를 들어, 예수의 산상수훈에 등장하는 '황금률', 즉 "너희가 남에게서 대접받고자 하는 대로 남에게 행하여라" 그리고 『논어』에서 공자가 제자인 자공에게 말한 "네가 하고 싶지 않은 것을 남에게 시키지 말라"-을 칸트는 그의 동기주의, 의무론적 윤리 이론에서 '정언명법', 즉 "네 의지의 격률이 항상 동시에 보편적 입법의 원리로서 타당하도록 행위하라"로 정리한다.

근대에 들어 대표적 철학자 칸트와 J. S. 밀 등은 윤리학에서의 커다란 두 산맥인 동기주의인 '의무론'과 결과주의인 '공리주의'라는 윤리이론을 주창하였다. 칸트의 '의무론' 밑바탕에는 농업 중심이고 인구이동이 별로 없었던 중세 기독교사회에서 작동 가능한 원리가 깔려 있고, 밀의 '공리주의', 즉 "최대 다수의 최대 행복"에는 산업혁명 등을 거치면서 인구이동이 잦은 사회에서 '작동원리'(working principle)로서 비교적 객관적, 즉 간주관적(intersubjective)으로 수용될 수 있는 세속적 원리가 자리 잡고 있다.

윤리적 판단을 내릴 때 동기주의가 주장하듯이 행위의 결과와 무관하게 동기만 고려하여 결정을 내리는 것이 타당한 것일까, 실제로 어떤 사람의 동기를 명확히 알아낸다는 것이 쉬운 일일까, 공리주의가 주장하듯이 행복을 명확히 계산해 내는 것이 쉬운 일일까 등이 숙제로 남게 된다. 그래서 동기주의와 결과주의 한쪽의 승리를 단정하는 것이 쉽지 않은 상황에서 작동원리로 받아들이기 쉬운 W. D. 로스의 *prima facie* 의무 이론이 등장하고 있다.

결론적으로 '윤리학' 또는 '도덕철학'이란 인간 '행위'의 '올바름'(right)과 '올바르지 못함'(wrong) 그리고 도덕적 '선'(good)에 대한 체계적 탐구를 의미한다. 다음 절에서 '윤리학'이 어떻게 나누어지는가를 살펴보고 분류된 것 각각에 대해서 깊이 분석해 보겠다.

나. 윤리학의 분류

A. 이론윤리학

윤리학이라는 학문 분야도 우리가 도덕적 판단을 내릴 때 기초가 되는 원리들을 탐구, 구축해 보고자 하는 수준의 이론적 작업을 목표하는 '이론윤리학'(theoretical ethics)이 있다. 이 이론윤리학을 당대 관심사인 윤리적 문제에 적용하여 해결 방안을 강구하고자 탐구하는 '응용윤리학'(applied ethics) 또는 '실용윤리학'이 있다. 그리고 이론윤리학 영역은 '메타 윤리학'(meta ethics)과 '규범윤리학'(normative ethics)로 나누어진다. 지금 A. 항에서는 이론윤리학의 두 분야에 대해서 자세히 살펴보겠다.

a. 메타윤리학

윤리 맥락에서 사용하는 주요 개념들, 예를 들어, "올바른"(right), "올바르지 못한"(wrong), "좋은"(good), "나쁜"(bad) 등의 의미를 명료화하는 것을 주된 일거리로 삼는 작업이 '메타윤리학'인데, 철학의 방법에 관심을 갖고 '분석의 방법'-개념 분석과 논리적 분석을 주창한 '분석 철학'(analytical philosophy)의 등장과 더불어 전개된 학문 영역이라고 부를 수 있겠다.

이 분야에 대한 대표적 철학자 중의 한 사람과 저서는 헤어(R. M. Hare) 그리고 그의 저서 『도덕 언어(*The Language of Morals*)』이다.

그리고 메타윤리학의 다른 주요 관심 문제는 "윤리적 판단과 가치 판단이 증명되거나 정당화되거나 또는 정당한 것으로 입증될 수 있는가? 만일 그렇다면 어떻게 그리고 어떤 의미에서? 또는 도덕적 추론과 가치에 대한 추론의 논리가 무엇인가?"[6]이다. 이 문제에 대한 정리된 생각은 베이어(K. Baier)의 책 『도덕적 관점(*The Moral Point of View*)』 8, 11, 12장에서 찾을 수 있다.

b. 규범윤리학

윤리적 상황에서 도덕적 결단을 내릴 때 합리적 인간이 밟아야 하는 전형적인 추론, 즉 실천적 추론의 과정은 다음과 같은 형식을 갖는다:

대전제 - 도덕의 규범
소전제 - 자기가 처해 있는 상황 평가
결론 - 어떻게 행동해야 한다는 도덕적 판단

6) W. Frankena, *Ethics*, (박봉배 역, 『윤리』), 148.

위와 같이 도덕적 추론의 전제에는 명시적이든 암암리에 함의되어 생략되어 있든 도덕 '규범'(norm)이 포함되어 있다. 이 도덕 '규범'이란 무엇인가, 각각의 도덕규범은 어떤 원리에 맞춰 형성되는가, 규범을 바탕으로 어떤 행위가 올바르다고 판단 내릴 때 그 근거는 무엇인가 등에 대한 탐구 영역을 '규범윤리학'(normative ethics)이라고 한다.

도덕적으로 올바른 행위 또는 규범의 근거에 관한 대표적 두 이론은 Kant의 '의무론'(deontological theory)과 Bentham과 J. S. Mill의 '공리주의'(utilitarianism)이다. 이 두 이론에 대해서 자세히 설명해 보자.

Kant의 의무론

칸트의 법칙-의무론(rule-deontologism)을 축약하자면 '행위의 결과에 상관없이 도덕법칙에 따라 행위 하라!'고 말할 수 있다. 다시 말해서 도덕적 판단을 내릴 때 그 행위의 결과에 초점을 맞추지 말고 어떤 동기를 가지고 그 행위를 하는가에 초점을 맞추라는 '동기주의'의 관점을 채택하고 있다. 한편 '도덕법칙에 따라 행위 하라!'는 정언명법, 즉 '네 의지의 격률이 항상 동시에 보편적 입법의 원리로서 타당하도록 행위 하라!'를 의미한다. 쉽게 말하면 어떤 행위를 해도 되는지를 판단할 때 입장을 바꿔 상대방이 너에게 그 행위를 하려고 할 때 받아들일 수 있는지 어떤지를 생각해 보라는 것이다.

그렇지만 나쁜 동기를 가지고 행위를 한 어떤 사람이 좋은 동기를 가지고 행위를 한 것처럼 속이고 있는 경우에 내적인 동기를 간주관적으로 확인할 수 있을까? 그리고 좋은 동기를 가지고 행위 했지만 그 행위 결과가 아주 나쁜 결과를 낳았을 때 그 행위가 올바른 것이라고 주장할 수 있을까? 앞에서 언급하였던 것처럼 사람들의 이동이 적었던 시절에는 나쁜 동기가 나중에 드러나는 경향이 있으므로 그 행위가 올바르지 못하였다는 것이 나중에라도 밝혀질 것이기 때문에 작동원리(working principle)로 인정될 수 있겠지만, 인구 이동이 잦은 시대엔 작동원리로 인정되기가 쉽지 않을 것이다. 그리고 행위의 도덕적 판단에 동기만 고려되고, 즉 결과가 전혀 고려되지 않기는 힘들 것이다.

공리주의

인구 이동이 비교적 없었던 농업 중심의 중세사회에서 산업화, 도시화가 진행되면서 비교적 인구 이동이 활발해진 근현대 상황에 맞는 작동원리로서 '동기'보다는 간주관적 확인이 상대적으로 쉬운 '결과'에 더욱 관심을 갖는 벤담과 J. S. 밀의 '결과주의', 즉 '공리주의'(utilitarianism)가 윤리이론으로 자리 잡게 되었다.

공리주의의 슬로건은 '최대 다수의 최대 행복'이다. 어떤 행위 또는 규범이 도덕적으로 올바른지 아닌지를 판단하는 기준이 그 행위 또는 규범과 관련 있는 사람들 최대 다수의 최대 행복이라는 결과라는 것이다.

벤담의 '양적 공리주의'는 행복의 양이 최대인 행위를 선택해야 한다는 것인데, 밀의 '질적 공리주의'는 양뿐만이 아니라 행복의 질적 측면도 고려해야만 한다는 것이다. 그것을 '만족한 돼지의 행복

보다 불만족한 소크라테스의 행복이 질적으로 훨씬 우수하다'고 표현하고 있다.

밀의 공리주의는 "첫째로는 우리에게 악에 대한 선의 가능한 최대의 균형을 가져오라는 것이 되고, 둘째로는 이것을 가능한 한 넓게 분배하라는 것이 된다."[7] 종교적이고 전통적인 사회라기보다는 인간적이고 세속적인 사회에서 작동원리로 수용하기에는 결과주의, 즉 공리주의가 윤리이론으로 더 적합했던 것으로 판단된다.

prima facie 의무 이론

W. D. 로스는 앞에서 언급한 것처럼 동기주의, 즉 의무론과 결과주의, 즉 공리주의, 어느 하나가 충분한 윤리 이론을 제공하기는 어렵다고 생각하면서 다원주의적(pluralistic) 견해를 제시하였다. 직관주의자(intuitionist)인 그는 언뜻 보기에도 명백한(*prima facie*) 의무 8가지를 언급하는데, 충실(fidelity), 보상(reparation), 감사(gratitude), 무상해(non-injury), 해악방지(harm-prevention), 선행(beneficence), 자기 개선(self-improvement), 정의(justice)이다. 그리고 이 이론을 지지하는 사람들은 여기에 자유존중(respect for freedom), 돌봄(care), 무기생(non-parasitism)을 덧붙인다. 로스는 이 의무는 어느 것이 우선시되어야 하는가는 상황에 따라 상대적인 '조건적 의무' 라고 주장한다. 동기만을 고려할 수 없고 행복 계산이 쉽지 않은 윤리적 맥락에서 작동원리로 인정받기 쉬운 윤리이론으로 평가할 수 있겠다. 그리고 Kant의 의무론적 요소와 공리주의의 기본 생각들(공리성의 원

7) W. Frankena, 69.

칙과 분배의 원칙)이 반영되어 있다고 볼 수 있겠다. 판단이 쉽지 않은 경우이지만 판단을 내려야만 하는 상황에서 현실적으로 작동할 수 있는 도덕원리로 볼 수 있겠다.

B. 응용윤리학

a. 응용윤리학의 의미와 영역

우리가 살아가고 있는 이 세상은 끊임없이 변화하고 있다. 그 변화 속에서 과거에는 생각지도 않았던 새로운 문제들에 봉착하게 된다. 그러한 문제들 중에는 도덕적인 문제도 일어나게 된다. 예를 들어, '묻지 마 살인' 행위를 어떻게 예방할 수 있는 윤리 교육을 시행할 수 있을까, 컴퓨터 기술의 발달에 따른 다른 사람의 프라이버시 침해 행위가 공공연히 벌어지고 있는 상황에 어떤 도덕적 처방이 가능할까, 체세포 핵이식 복제기술을 생식보조기술의 하나로 사용하여 복제인간을 생산하는 일이 도덕적으로 정당화될 수 있을까, 핵무기 소형화는 어떤 도덕적 문제를 함의하고 있는가, 인조인간의 출현은 어떤 도덕적 문제를 일으키지 않을까, 메르스 환자 치료를 거부하는 의료진의 행위는 도덕적으로 정당화될 수 있는가, 이윤추구를 위하여 환경오염문제를 감춘 폭스바겐의 행위는 어떤 도덕적 문제를 가지고 있는가, 사형제도는 도덕적으로 정당화될 수 있는가 등등.

우리 사회에서 현재 봉착하는 도덕적 문제들에 대해서 우리의 도덕적 규범을 제대로 적용하는 방법에 대한 윤리학 분야를 '응용 윤리학'이라고 부른다. 다시 말해서 규범 윤리학의 체계를 기초로 현재 봉착한 윤리적 문제에 어떻게 응용할 수 있는가를 다루는 실용적 성격의 윤리학 분야이다. 보다 자세히 말하자면, '생명의료 윤리학'(bio-medical ethics), '환경 윤리학'(environmental ethics), '핵 윤리학'(nuclear ethics), '정보통신 윤리학'(information ethics), '기업 윤리'(business ethics), '법 윤리' 등등.

여기에 최근에는 과학자들의 데이터 조작 행위, 작가들의 표절 문제 등 연구자들의 행위와 관련된 도덕적 문제를 다루는 '연구 윤리'(research ethics)가 등장하고 있다.

b. 과학기술윤리연구(Ethical Studies of Science & Technology)

첨단 과학기술의 발달과 더불어 전에 없었던 새로운 윤리적 문제들(troubles)이 발생하는데, 응용 윤리학의 이 분야를 '과학기술윤리연구'(Ethical Studies of Science & Technology)라고 부르는 것이 적당할 것 같고 이 분야에 대한 본 저서의 이름도 이렇게 명명하였다.

다음 장에서 이 분야에 대해서 아주 상세히 다루고자 한다. 첫째로, 복제양 돌리의 탄생과 더불어 점화된 복제인간 생산과 관련된 도덕적 논쟁을 상세히 살펴볼 것이다. 이 논쟁이 지구촌 전역에서 이 주제 관련 전문가뿐만이 아니라 비전문가들까지도 지대한 관심사였다는 것을 어느 누구도 부정할 수 없을 것이다. 이러한 분위기는 과학자, 기술자와 윤리학자, 철학자, 종교인, 사회학자 쌍방 소통의 필요성과 중요성을 각인시켰을 뿐 아니라 전문가와 대중 사이의 소통의 중요성도 인식시켰다. 지식과 권력의 연관 관계에 대한 지적, 탑-다운 방식의 권력뿐만이 아니라 바틈-업 방식의 권력 중요성을 지적했던 푸코의 철학 사례, 포스트모던 철학의 주요 개념 중의 하나인 소통의 사례를 체험하는 경우이기도 했던 것 같다.

둘째로, 컴퓨터 등과 같은 첨단 정보기술의 발달 또한 우리 사회에 폭넓게 도덕적 문제를 일으키고 있다는 것은 누구나 거의 매일 신문, SNS 등을 통해서 접하고 있다. 특히 프라이버시 침해 문제, 해킹과 관련된 윤리적 문제 등이다. 이러한 문제들이 도덕적으로 왜 부당한가를 깊이 살펴볼 것이다. 그러한 결론은 도덕 교육, 관련 법률 제정 등의 기초가 될 것이다.

셋째로, 재난로봇경진대회에서 선진 여러 나라의 로봇기술 경쟁을 접할 뿐만이 아니라 인공지능, 인지과학, 빅 데이터 기술의 괄목할 만한 발달은 머지않아 인조인간의 출현을 예견하면서 그것이 함의하고 있는 도덕적 문제들을 윤리학자, 사회학자 등은 관심을 갖게 되었다. 특히 일본 등은 이 도덕적 문제에 대해서 국가 미래 전략과 연관 지어 계획적으로 다루고 있다.

넷째로, 북한의 핵개발, 6자 회담, 북한 핵무기 소형화 등에 대한 언론 보도, 일본 원자력 발전소의 방사능 유출 등에 대한 언론 보도를 쉽게 접하게 되는 작금에 핵과 관련된 윤리적 문제를 다루는 핵윤리(Nuclear Ethics)도 우리의 관심을 끄는 영역이다.

마지막으로 몇 년 전 황우석 사건과 더불어 우리의 관심사가 된 '연구 윤리'(Research Ethics)는 과학, 기술 관련된 광범위한 영역에 걸쳐 있다. 과학자, 기술자들의 표절 문제를 비롯하여 빅 데이터 활용에 따른 자료 및 정보 유용의 모호성에 대한 문제 등등.

CHAPTER 03

과학기술윤리연구

가. 생명과학 · 기술의 발달과 윤리

다윈의 진화론은 물질과학의 영역에 널리 걸쳐 있는 유물론, 기계론적 사고가 생명과학에 접목되면서 등장하게 되었다. 그리고 생명에 대한 물질적 견해는 현대에 들어 분자생물학과 유전공학, 생명공학 등으로 그 영역을 확장시켰다. 현재는 인간게놈프로젝트의 완성과 포스트게놈 연구가 계속되고 있는 중이다.

복제양 돌리의 출현은 전문가뿐 아니라 대중까지도 돌리를 만든 '체세포 핵이식' 복제기술을 생식보조기술로 사용하여 복제인간을 생산하는 경우에 대한 윤리적 토론에 불을 붙였다. 미국의 클린턴 대통령은 직속 생명윤리자문위원회에 이에 대한 보고서 제출을 지시하기도 했었다.

보고서는 그 당시 현재 상황에서는 복제인간 생산을 허용할 수 없고 그 연구에 연방기금 등의 공공성 연구비는 지원하지 않으며 기업 등에게도 연구비를 지원하지 않기를 권고하였다. 한편, 이 문제에 대한 국가적 토의를 5년마다 재개하기로 결정하였고 미국 상 · 하원에서 진행하고 있다.

의학적으로 많은 이점을 선사하는 줄기세포에 대한 연구도 세계 각국이 열을 올리고 있는데 이 연구에 가장 보수적인 법률을 유지하고 있는 독일조차도 국내에서의 줄기세포 생산은 금지하지만 외국에서 생산한 것을 수입하여 진행하는 연구는 의회에서 허용하기로 결정 내리고 있다.

세계 여러 나라는 합성생물학 분야에 많은 관심을 보이고 있는데 한국에서도 인공세포 설계, 제조, 응용 등의 연구에 막대한 연구비 등을 투자하고 있다.

오바마 대통령뿐만이 아니라 우리나라 관련 부서에서도 이 분야에 대한 윤리적 연구의 필요성을 강조하고 있으며 이 분야의 대형과제에는 윤리위원회가 함께 들어 있다. 그리고 이 분야의 임상실험과 관련을 맺는 의료기관 등에는 의료진, 연구원 등에게 윤리 교육을 병행하고 있다.

인간게놈프로젝트에서의 ELSI(Ethical, Legal and Social Implication of Human Genome Project) 연구는 널리 알려져 있으며 포스트게놈 연구에도 이러한 성격의 연구를 포함시키기를 권장하고 있다.

생식보조기술, 복제기술의 발달과 복제윤리

생명과학 · 기술의 발달과 그 응용에 대한 많은 윤리적 연구가 간헐적으로 이루어졌지만-예를 들어, GMO(Genetic Modified Object)의 생산 등에 대한 윤리적 연구- 생식보조기술, 예를 들어 IVF(In Vitro Fertilization)를 사용하는 아기 생산 등에 대한 윤리 연구에 사람들은 훨씬 더 민감하고 격렬하게 논쟁을 벌였다. 그 이유는 우리 인간이 다른 것도 아닌 인간을 자연생식이 아니라 인공적인 수단을 사용하여 생산한다는 것에 대한 편안하지 않은 마음과 생명과 관련된 영역은 신의 영역이라는 전통적 견해와 대치된다는 생각에서 비롯되는 것 같다.

그래서 시험관 아기 생산이 다가왔을 때 우리 사회는 그 사건에 대한 사회적 관심이 고조되었고 그 관심 중의 하나는 인공생식을 통한 인간생산이 도덕적으로 정당화될 수 있는가의 문제였다. 하지만 생식보조기술로 IVF를 사용한 시험관 아기 생산은 허용되었고 그렇게 태어난 아기들은 자연생식으로 태어난 인간들과 다름없이 정상적 생활을 영위하고 있다.

'체세포 핵이식' 복제기술을 생식보조기술로 아직 허용이 되고 있지 않지만 훗날 부작용에 대한 과학기술적 문제 해결이 이루어진다고 가정한다면 유전적 연결을 갖는 2세 생산을 원하는 불임부부 등에게는 적절한 생식보조기술로 활용하여 아기 생산이 이루어질 것으로 예상된다.

이러한 이유 때문에 사람들은 체세포 핵이식 복제기술을 생식보조기술로 활용하는 아기 생산에 대한 윤리적 문제에 관심을 가졌을 것이다.

20세기 후반부에 복제인간 생산 관련 윤리적 토론이 전 세계 각국에서 활발히 전개되었고 이 분야에 대한 탐구를 '복제윤리'(Cloning Ethics)라 칭하였다.

이 분야에 대한 예시로 필자의 글 「인간개체복제에 대한 윤리적 검토」[8]를 소개하고자 한다.

---

8) 본 글은 『과학철학』 6권(2001), 73-94쪽에 실려 있음.

<예시> 인간개체복제에 대한 윤리적 검토

1. 들어가는 말

1997년 2월 *Nature* 385호에서 스코틀랜드 로슬린 연구소 윌멋 박사가 이끄는 연구팀은 생식세포 복제술이 아니라 체세포 복제술, 이른바 '체세포 핵이식'(somatic cell nuclear transfer) 복제술-6세의 암양 FD의 분화(differentiation)가 끝난 체세포, 즉 유선세포를 채취하여 핵을 분리해 내고, 세포질을 제공하는 다른 암양의 난자에서 핵을 제거한 후, FD의 핵을 이 난자에 이식시켜서 얻은 결과물을 또 다른 암양의 자궁에 착상시켜 FD와 유전형질이 동일한 암양을 생산하는 기술-에 의하여 277 대 1의 경쟁을 거쳐 복제양 돌리가 1996년 7월에 태어났다고 발표했다.[9]

<돌리>[10]

9) Wilmut, Schnieke, McWhir, Kind & Campbell, 1997, 810-13. 물론 소량의 유전형질이 미토콘드리아에 있기 때문에 이렇게 탄생한 복제양 돌리의 유전형질이 FD와 100% 동일한 것은 아니다.

1998년 4월에 돌리는 임신에 성공하였고, 로슬린 연구소와 PPL 세라퓨틱스 제약회사 연구팀은 인간의 유전자를 가진 복제양 폴리를 탄생시키기에 이르렀다.

한편, 미국의 월프 박사 등은 인간에 더 가까운 종인 원숭이를 1996년 8월에 복제 성공하였다고 뒤늦게 발표하였으며, 1996년 2월 서울대 황우석 교수팀이 복제소 영롱이를 탄생시키는 데 성공함으로써 우리나라도 세계에서 5번째로 동물복제에 성공한 나라가 되었다.

윌멋 박사팀의 연구 결과는 그동안 학계에서 거의 정설로 받아들여져 온 '분화를 끝낸 세포의 비가역성'-양의 유방세포는 완전한 양을 만들기 위한 모든 정보를 가지고 있지만 실제로 판독할 수 있는 것은 유방세포의 유전 정보일 뿐, 완전한 양을 만들기 위해 필요한 모든 유전 정보를 성숙한 유방세포로부터 재생할 수 없다는 주장-을 뒤엎는 연구 성과를 이루었고,[11] 바람직한 유전 형질을 지닌 동물들의 복제와 의·약학을 비롯한 생물공학 분야에 새로운 활용 기회를 제공할 것으로 예상된다.[12] 또한 이 복제기술은 과학자들에게 "발생과 노화 각각의 경우에 체세포에서 일어난다고 알려져 있는 각인과 텔로미어 축소와 같은 후성적 변화들의 가능한 지속 한계와 영향에 대한 연구 기회를 제공한다."[13]

---

10) namu.wiki

11) 하지만 Gould(1997, 20)는 돌리에게 유전 정보를 제공한 세포가 그 낱말의 일반적인 의미로 '성숙한' 세포로 간주해야만 하는가에 의심을 품는다. 왜냐하면 그 세포가 임신 말기 시작 상태인 6세의 암양 유선으로부터 가져온 것인데, 이러한 경우의 그 세포는 기술적으로는 성숙한 것이지만 유방 조직을 만들기 위해 급속하게 증식할 수 있는 '배아(embryo)와 같은' 상태에 머물러 있기 때문이다. 한편, Wilmut, et al.(1997, 813)도 이 가능성을 인정하고 있다: "우리들은 임신 중에 유선의 재생을 돕는 작은 비율의 상대적으로 미분화된 줄기세포들의 존재 가능성을 배제할 수 없다." 하지만 우리나라에서 생산한 복제소 영롱이의 경우는 임신하지 않은 한우의 자궁세포 그리고 진이의 경우는 임신하지 않은 한우의 귀세포를 사용하여 성공하였다.

12) 보다 자세한 것은 National Bioethics Advisory Commission(1997) 2장, '복제 과학과 응용' 그리고 Winston(1997)을 참조할 것.

위와 같은 연구 성과와 기대에도 불구하고 이 복제기술이 인간에게 적용되었을 때 야기될 수 있는 여러 문제점들에 대한 우려의 소리가 전문가 집단을 비롯한 사회 여러 곳으로부터 쏟아져 나왔다.[14] 그래서 나치 잔당들이 냉동 보관된 히틀러의 세포를 이용해 히틀러 복제인간 생산을 목표로 하는 일과 관련된 살인 사건을 이야기로 다룬 레빈의 소설 『브라질에서 온 소년들』을 20년 뒤에 다시 떠올리게 하였고,[15] 여러 명의 빌 게이츠 또는 엘리자베스 테일러 복제인간들을 과학자들이 선사해 주지 않을까 기대해 보게 한다.

그렇지만 레빈의 소설과 같은 이야기는 실제 우리 사회에서 일어날 법하지 않다. 왜냐하면 굴드가 지적하였듯이 "만일 우리 사회가 그런 결과가 현실화될 법한 상태에 이를 수 있는 경우라면, 우리 모두는 이미 존재하지 않을 것이다."[16] 한편 빌 게이츠 또는 리즈의 허가를 얻어 그들의 유전자 복제를 통한 복제인간 빌클론 또는 리즈클론을 탄생시키는 데 성공할지라도 이들이 우리가 바랐던 빌 게이츠와 리즈가 지닌 재능 또는 미모를 지닌 성인으로 성장 가능할 것인가는 의심스럽다. 왜냐하면 전자들과 후자들이 각각 성장하면서 그 특징들에 영향을 줄 환경적 요소들이 다르기 때문이다. 아울러 키처가 지적하였듯이, 리즈클론은 리즈의 멋진 눈조차 갖지 못하게

---

13) Wilmut et al., 1997, 811.

14) 윌멋 연구팀의 발표가 있은 뒤 미국과 유럽의 사회 각 분야의 반응과 우려가 Kolata(1998) 2장 '허용할 것인가, 금지할 것인가'와 Kass & Winston(1998) 서문 '돌리에 대한 사회・정치적 반응들'에 간략하게 소개되어 있다. 한편, 우리나라의 경우에도 1999년 3월 28일 한국생명윤리학회가 '생명복제에 관한 1999년 생명윤리 선언' 그리고 같은 해 6월 5일 한국철학회가 '생명・의료윤리에 관한 1999년 한국철학회 선언'을 통하여 관심과 우려를 표명하였고, 유네스코한국위원회, 의사협회, 정부와 국회 관련 부서는 여러 의견을 수렴하여 이 문제에 적절한 대응 방안을 마련코자 노력을 기울이기 시작했다.

15) 이 추리 소설의 간략한 줄거리는 구영모(1999)의 2장, 첫 부분을 참조할 것.

16) Gould, 1997, 20.

되기 쉽다. 왜냐하면 "성장하는 동안 세포 수준에서 발생하는 작은 변이들이 그 소녀의 눈구멍 형태를 바꾸어 놓아 더 이상 눈빛깔이 매혹적인 효과를 낼 수 없을 것 같기"[17] 때문이다. 그리고 비록 환경적 요인보다 유전적 요인이 빌 게이츠의 재능에 큰 영향을 주었다고 가정하더라도-다시 말해서, 빌클론이 빌 게이츠가 지니고 있는 재능을 20년 뒤에 기의 유사하게 지닌다손 치더라도, 20년 지난 후에 빌클론의 그 재능이 오늘날 빌 게이츠가 인정받고 있는 것만큼 가치 있을 것인지는 의심스럽다.

'체세포 핵이식' 복제술을 인간에게 적용하였을 때 실제로 있을 법한 경우는 첫째로, 자식을 원하는 불임 부부, 미혼자, 동성애자 등이 이 복제술을 생식보조기술의 하나로[18] 활용하여 인간(**a person**) 생산을 목표로 삼는 경우와 둘째로, (조금 가능성이 희박할지 모르지만) 장기 이식이 필요한 어떤 사람이 이식할 때 가장 부작용이 적을 성싶은 장기 확보를 위한 "장기 은행(**an organ bank**) 역할을 할 수 있는 정신없는 인체(**a mindless human organism**) 생산을 목표[19]로 삼는 경우일 것으로 예상된다. 그런데 두 번째 경우의 복제에 대해서는, 우리들이 뇌사한 인체의 장기 이식을 도덕적으로 아무 문제가 없다고 생각하거나 뇌가 이미 파괴된 태아의 낙태가 도덕적으로 문제될 것이 없다고 믿는 한, 도덕적으로 아무 문제를 찾을 수 없다고 생각된다.[20]

---

17) Kitcher, 1997; 여기서는 Pence(1998, 71)에 재수록된 것을 인용하였음.

18) Annas(1998, 79-80)에 의하면, 시험관 아기를 탄생시킨 체외 수정(in vitro fertilization)은 남성의 정자와 여성의 난자가 함께 관여하기 때문에 생식(reproduction)보조기술의 하나이지만, 체세포 핵이식 복제(cloning)술은 복제(replication) 기술이지 생식(reproduction) 보조기술일 수 없다고 주장한다. 하지만 필자는 본 논문에서 생식(reproduction)을 보다 넓은 의미로 사용하며 체세포 핵이식 복제술도 생식(reproduction) 보조기술의 하나로 간주한다.

19) Tooley, 1998, 65.

필자는 첫 번째 경우의 인간 복제 행위가 도덕적으로 허용 가능한가 아니면 금지되어야 마땅한가에 대하여 검토하고자 한다. 우선 먼저 현재 시점에서 가능한 동물 복제기술을 인간 생산에 적용하였을 경우 발생할 수 있는 윤리적 문제들을 검토할 것이다. 그다음에 이러한 문제들을 야기시키는 작금의 과학적, 기술적 한계가 극복되었을 경우라도 이 인간 복제가 근본적으로 어떤 윤리적 문제를 함의할 수밖에 없는가에 대하여 비판적으로 검토할 것이다. 끝으로, 이러한 인간 복제가 도덕적으로 허용 가능한 경우가 어떤 것들인가에 대하여 밝힐 것이다.

2. 생식보조기술로서의 인간 복제에 대한 검토

미국의 국가생명윤리자문위원회(NBAC) 보고서에 따르면, 돌리를 탄생시킨 기술을 지금 인간의 경우에 적용하여 복제인간 생산을 시도한다면, 그 행위는 도덕적으로 정당화될 수 없다.[21] 왜냐하면 현재 이 기술이 안고 있는 여러 과학적, 기술적 문제들 때문에 그 복제기술로 얻게 될 태아나 아기에게, 육체적 또는 심리적으로, 큰 피해를 입힐 가능성이 매우 높기 때문이다. 그리고 의료 윤리의 기본 원칙들 중의 하나가 히포크라테스 규범에 나와 있듯이 "우선 해를 입히지 말아라"이다.[22]

NBAC 보고서는 복제양 돌리를 만든 기술이 277번의 시도 끝에 단 한 번의 성공을 거둔 경우였다는 사실에 주목해야 한다고 주장했

---

20) 보다 더 자세한 논의를 확인하려면 Tooley(1998, 68-74)를 참조할 것.
21) National Bioethics Advisory Commission, 1977, 3.
22) 같은 책, 63.

다.[23] 다시 말해서, 이 기술의 성공률이 이렇게 낮다는 사실은 이 기술과 그 밑에 깔린 과학의 성숙도가 아직 충분하지 않다는 것이고, 그래서 지금 이 기술을 인간에게 적용한다는 것은 그 결과로 생산될 태아 그리고 태어날 아기에게 큰 피해를 입힐 가능성이 높다는 것이다. 그렇지만 이 주장은 윌멋 박사팀의 돌리 복제기술에 대한 보다 더 정확한 이해와 시험관 아기를 탄생시킨 체외 수정(IVF)과 같은 다른 생식보조기술의 경우와 비교가 이루어지면 설득력을 갖지 못한다.[24]

윌멋팀은 277개의 난자와 핵을 융합시켜 배아를 만드는 과정에서 최적의 29개 배아를 만들어 계속 성장시키고 착상시켜 마침내 복제양 돌리 한 마리를 성공적으로 출산시켰다. 즉, 277개의 배아로부터 한 마리의 양을 출산 성공시킨 것이 아니라 29개의 배아로부터 성공시켰다. 배아의 숫자와 관련하여 출산 성공률이 277:1이 아니라 29:1인 것이다.[25] 그렇다면 이 비율은 IVF의 그 성공률 30:1보다 나은 경우가 된다. 만일 배아의 숫자와 관련된 출산 성공률에 비추어 IVF를 생식보조기술로 허용하는 것이 안전성과 윤리적으로 문제가 없다고 인정한다면, 체세포 핵이식 복제술도 생식보조기술의 하나로 허용 가능할 것 같다.

그렇지만 필자는 현재 시점에서 체세포 핵이식 복제술을 이용하는 인간복제가 그 결과물에 대하여 육체적 그리고 심리적으로 입힐 큰 피해 가능성 때문에 윤리적으로 올바르지 못하다는 주장이 정당화될 수 있다고 생각한다. NBAC 보고서에도 기술되어 있듯이 돌리

23) 같은 곳.
24) Pence, 1998, 119-120.
25) 복제송아지 찰리와 조지의 경우에는 그 성공률이 13:1에 이르렀다.

를 탄생시킨 체세포 핵이식 복제술이 아직은 불확실하고 풀어야 할 여러 과학적 문제를 안고 있기 때문이다.[26] 그것들 중에 대표적인 두 가지를 살펴보자. 첫째로, 텔로미어 축소의 문제이다. 체세포가 분열해 나갈 때, 즉 나이가 들어갈 때 염색체의 끝 부분인 텔로미어의 축소 그리고 유전적 변화가 수반된다. 그리고 텔로미어의 길이가 어느 한계에 이르게 되면 더 이상 세포 분열이 일어나지 않고 그 세포는 죽게 된다. 만일 27세 성인의 체세포 핵을 이식하여 한 복제인간을 생산하였을 경우, 그 복제인간이 27세 성인이 갖는 텔로미어 길이를 지닌 세포들로 구성된 상태로 삶을 시작한다면, 그 복제인간은 정상적으로 성장하지 않을 수도 있다. 결과적으로, 그 복제인간 그리고 관련 있는 사람들에게 육체적 또는 심리적으로 피해를 입힐 가능성이 높다.

둘째로, 체세포가 분열해 나갈 때 DNA에서 많은 변이가 발생하고 세포 내에 축적된다. 그리고 이 변이들 중의 일부는 암세포 생성을 촉진시킬 수 있다. 만일 이 변이를 내재하고 있는 체세포의 핵을 난자에 이식할 경우 그 변이는 신체의 모든 세포에 전이되는 생식세포계(germline) 변이로 바뀔 수 있다. 그 결과로 유전병 또는 암과 같은 큰 피해가 발생하게 될 것이다. 한편, 현재 상태로는 그러한 핵이식 뒤에 발생할 위험들에 대한 정확한 평가가 어려운 상황이다.

그렇지만 이러한 위험 부담에도 불구하고 현재 시점에서 체세포 핵이식 복제술을 이용한 인간 복제가 정당화될 수 있다는 주장이 있다.[27] 이 주장의 요점은 이렇게 태어날 아기에게 신체적, 심리적 문

---

26) National Bioethics Advisory Commission, 1997, 22-23. 돌리 복제의 과학적, 기술적 문제들에 대한 설명이 진교훈(1997, 84-85)에도 실려 있다.
27) 자세한 것은 Chadwick(1982), Robertson(1994; 1997), Macklin(1994)을 참조할 것.

제들이 발생한다손 치더라도, 이것들이 그 아기가 태어나지 않은 것보다는 덜 나쁜 것이기 때문에 결과적으로 그 아기에게 해가 되지 않는다는 것이다. 그리고 우리들이 장애인도 살 만한 가치가 있다고 믿는 한, 이 주장은 그럴듯하게 보인다. 그러나 우리의 상황을 보다 더 정확히 이해하면, 이 주장이 설득력을 잃게 된다고 필자는 생각한다.

여기서 우리가 주목해야 할 문제는 어떻게 장애인도 살 만한 가치가 있다고 믿으면서 신체적, 심리적으로 장애아 탄생 가능성이 높은 작금의 체세포 핵이식 복제술을 사용하는 인간 복제가 바람직하지 않다고 믿을 수 있는가이다. 이 문제를 살펴보기 위해 이러한 문제의 원조 격인 파핏의 비동일성 문제(the non-identity problem)에 대해서 알아보자.28) 파핏은 14세 소녀가 아기를 갖겠다고 결정하는 경우를 예로 든다. 나이 어린 이 소녀가 그녀의 아기를 가질 경우에 그 아기가 겪게 될 어려움 때문에 그녀의 결정이 바람직하지 못하다고 우리들은 믿는다. 그리고 그녀가 성장한 뒤에 아기를 갖는 것이 낫다고 권유할 것이다. 그렇지만 만일 그녀가 이 권유를 받아들이지 않고 그녀의 아기를 출산하였을 경우, 우리들은 그 아기가 살 만한 가치가 있다고 믿는다. 아울러 이 아기를 출산하기로 한 그녀의 결정이 비난받아야 된다고 믿지 않는다. 여기서 전자와 후자의 경우에 마치 신념의 부조화가 일어나는 것처럼 보인다.

그렇지만 파핏은 실제로 신념의 부조화가 일어나지 않는다고 생각한다. 만일 이 부조화가 일어나려면, 전자의 경우에 "그녀의 아기" 그리고 "그 아기"와 후자의 경우에 그것들이 동일한 것을 지시하여야 하는데, 그렇지 않다는 것이다. 왜냐하면, 전자의 경우에는 그것

28) Parfit, 1984, 358-361.

들이 한 특별한 아기를 지시할 필요가 있지 않지만, 후자의 경우에는 그것들이 한 특별한 아기를 지시하고 있기 때문이다. 각각의 경우가 동일한 것이 아니라 동일하지 않은 다른 것들을 지시하고 있다. 따라서 두 개의 경우가 전혀 신념의 부조화를 일으킬 필요가 없다는 것이다.

마찬가지로, 현재 시점에서 많은 위험 부담이 있는 체세포 핵이식 복제술을 이용하는 아기 생산의 경우에 대해서, 파핏은 만일 우리들이 지금 이 기술을 사용하여 아기들을 갖는 경우에 그 아기들이 겪게 될 어려움 때문에 우리들의 결정이 바람직하지 못하다고 믿을 것이다. 그리고 만일 어떤 사람이 예를 들어 다른 생식보조기술을 사용하여 이러한 위험 부담 없이 다른 아이를 가질 수 있다면, 그렇게 하는 것이 도덕적으로 올바르다고 믿을 것이다.[29] 한편, 이렇게 태어날 아기뿐만이 아니라 관련 있는 사람들까지를 고려할 경우에는 더욱 그러할 것이다. 결론적으로, 현재 시점에서 많은 위험 부담에도 불구하고 체세포 핵이식 복제술을 사용하여 복제인간을 생산하는 행위가 정당화될 수 있다는 주장이 설득력을 갖지 못한다고 필자는 생각한다.

그런데 작금의 과학적, 기술적 문제가 극복될 전망이 조금씩 보인다. 텔로미어 축소의 문제에 대해서 살펴보면, 아직 더 많은 실험과 관찰을 통해서 입증되어야 하겠지만 포유동물 체세포 핵을 난자에 이식할 경우, 난모세포의 영향으로 효소 텔로미라제가 활동하여 텔로미어의 길이를 복원시킬 것으로 예상된다.[30] 한편, 2000년 4월

29) Brock(1995)을 참조할 것.
30) Mantell & Grider(1994)를 참조할 것.

Science 288호에서 미국 매사추세츠 소재 생명공학 기업 어드밴스드 셀 테크놀로지(ACT)의 란차 박사가 이끄는 연구팀은 젊음의 징표를 지닌 복제세포를 발견, 이를 이용해 복제한 송아지가 같은 연령대 보통 송아지들은 물론 갓 태어난 보통 송아지의 것보다 텔로미어가 훨씬 더 길었다고 발표하였다.[31] 물론, 보통 소의 평균 수명이 20년인 데 반해, 이 복제송아지의 연령이 1년 미만이기 때문에 향후 몇 년 그 결과를 지켜봐야 하겠지만, 보통 소보다도 복제소의 평균 수명이 더 길어질 가능성을 시사하고 있다. 이러한 지속적인 연구 성과에 힘입어, 복제양 돌리가 태어날 때부터 6년 된 양과 같은 노화증세를 보이는 난제의 원인으로 알려진 텔로미어 축소의 문제가 극복될 수 있을 것으로 전망된다.

여기서 작금의 과학적, 기술적 문제들이 훗날 극복되고 포유동물 실험 등을 통하여 유추적으로 체세포 핵이식 복제술을 사용하는 인간 복제가 태아 및 태어날 아기에게 육체적 피해를 입힐 가능성이 거의 없다고 결론 내릴 수 있는 경우에, 인간 복제가 도덕적으로 허용 가능한 것인가, 아니면 인간 복제는 근본적으로 어떤 윤리적 문제를 함의할 수밖에 없는가라는 물음이 남는다.

3. 인간 복제에 대한 윤리적 반론 검토

인간 복제에 반대하는 사람들 중의 일부는 인간 복제가 인간의 존엄성을 해치기 때문에 바람직하지 못하다고 주장한다. 그리고 인간

---

31) Lanza, Cibelli, Blackwell, Cristofalo, Francis, Baerlocher, Mak, Schertzer, Chavez, Sawyer, Lansdrop, West, 2000, 665-669.

개개인의 존엄성은 개개인 각자의 독특함(uniqueness)에 기인한다고 생각한다. 그런데 복제인간은 그 자신의 독특함을 결여하기 때문에 인간개체복제는 인간 개개인의 중요한 권리들 중의 하나인 "유일무이한 독자성을 가질 권리"(a right to have a unique identity)[32]를 손상시킨다는 것이다.

여기서 그들이 이야기하는 '유일무이한 독자성'이란 유일무이한 유전적 독자성, 즉 유일무이한 게놈을 가짐을 의미한다. 그렇다면 어떤 사람이 그것을 가질 권리는 적절한 권리가 아니라고 주장할 것이다. 왜냐하면, 우리들은 일란성 쌍둥이들의 경우에 어떤 권리가 손상되고 있는 것으로 전혀 생각하지 않기 때문이다. 하지만 카스는 일란성 쌍둥이들의 경우가 그 권리의 부적절함을 보여 주는 반대 사례가 될 수 없다고 생각한다.[33] 왜냐하면 심사숙고된 인간의 행위만이 어떤 권리를 손상시키기 때문이다. 즉, 자연적 요인에 기인하여 발생한 일란성 쌍둥이들의 경우에는 어떤 권리도 손상받을 수 없기 때문이다.

그렇지만 설사 이렇게 해석된 그 권리가 적절하다고 가정할지라도, 일반적으로 체세포 핵이식 복제술을 사용하는 인간개체복제가 그 권리를 손상시키지 않을 것 같다. 왜냐하면, 피복제인간의 체세포 핵을 그 사람의 유전적 어머니의 난자에 이식시키는 경우를 제외하고는 피복제인간과 복제인간의 유전형질이 100% 동일하지 않을 것이기 때문이다. 한편, 개개인이 유일무이한 독자성을 가질 권리가 있다는 것이 개개인이 유일무이한 게놈을 가질 권리가 있다는 것을 의

32) Brock, 1977, 151.
33) Kass, 1985.

미하기보다는 오히려 개개인이 각자를 질적으로 독특하게 그리고 다른 사람과 다르게 해 주는 여러 특질과 특성을 가질 권리가 있다는 것을 의미한다. 그리고 인간의 이러한 성질들은 환경이 많이 다른 상황에서 성장한 일란성 쌍둥이들의 인성적 큰 차이에 비추어 볼 때 환경적 요인으로부터 많은 영향을 받는다고 생각된다. 결론적으로, 이 권리의 손상에 기초하여 인간개체복제를 반대하는 사람들의 주장은 설득력을 지니지 못한다고 필자는 생각한다.

요나스와 파인버그는 인간개체복제가 '개인의 미래에 대한 무지로의 권리'(a right to ignorance about one's future), 즉 '열린 미래로의 권리'(a right to an open future)를 손상시키기 때문에 정당화될 수 없다고 주장했다.[34] 그들에 의하면, 복제인간 C와 피복제인간 P는 거의 비슷한 유전형질을 가지고 있지만, 나이에 있어서 예를 들어 30년 정도의 차이가 있을 것이다. 그렇다면 C는 P가 살아온 인생을 인지하면서 본인의 미래의 삶이 어떠할 것이라는 것을 미리 알 수 있고 자신의 삶을 자율적으로 꾸미고 건설해 나가지 못할 것이다. 따라서 인간개체복제는 반윤리적 행위라는 것이다.[35]

그렇지만 필자의 견해로는, 그들의 주장은 정당화되지 못한다. 왜냐하면 그들의 추론은 유전자 결정론을 함의하고 있는데, 유전자 결정론이 그르기 때문이다. 물론, 복제인간 C가 유전자 결정론이 옳다고 믿는다면, 그 복제인간은 본인의 미래의 삶이 어떠할 것이라는 것을 미리 알 수 있다고 믿고 자신의 삶을 자율적으로 꾸며 나갈 수 없다고 믿으면서 심리적으로 고통스러워할지도 모르지만, 교육 등을

34) Jonas, 1974; Feinberg, 1980.

35) 도덕의 기초로서의 개인의 자율성과 유전 공학과의 관계에 대한 자세한 논의는 Shyli Karin-Frank(1984)을 참조할 것.

통하여 유전자 결정론이 그르다는 것을 숙지하면서 그러한 고통으로부터 벗어날 수 있을 것이다.

체세포 핵이식 복제술을 이용하는 인간 복제에 반대하는 다른 사람들은 이 생식보조기술 행위가 아기를 '낳는' 것이 아니라 '만드는' 것이기 때문에, 이 기술로 생산될 아기가 (칸트주의자의 용어를 빌리자면) 자율적인 도덕적 주체(a subject)인 인간(a person)으로서 대우받는 것이 아니라 다른 사람들의 욕구와 기대 아래 조작되어지는 (manipulated) 대상(an object)으로 여겨질 것이라고 주장한다. 그렇지만 필자는 이 기술로 생산될 아기가 인공 조작으로 생성된 전배아 (pre-embryo) 과정을 포함하고 있다고 해서 자율적인 인간으로 대우받지 못할 이유가 전혀 없다고 생각한다. 실제로 인공 조작이 개입된 IVF를 통하여 생산된 아기들이 자율적 인간으로 잘 성장하고 있으며 그러한 인간으로서 잘 대우받고 있는 것이 사실이다.[36]

그렇지만 그 반대자들은 계속해서 체세포 핵이식 복제술로 생산될 아기가 인간임에도 불구하고, 다른 사람들의 욕구와 기대 아래 자율적 주체가 아니라 대상으로 대접받고 있으며, 이 사실은 인간성이 목적(ends)으로 대접받아야지 다른 인간의 의지 아래 조작되는

---

36) 물론, 어떤 사람은-특히 태아, 배아는 물론 전배아도 인간으로 인정하는(필자는 배아부터 인간으로 인정하는 견해를 따르지만)- 이 기술로 생산될 아기가 대상으로 다루어지기 때문이 아니라 전배아와 태아에 대한 인공적 조작 때문에 체세포 핵이식 복제술이 인간을 대상으로 다루고 있다고 주장하면서 비도덕적이라고 주장할 것이다. 그렇지만 전배아와 태아를 자율적인 도덕적 주체로 인정하기에는 지나침이 있는 것 같고, 뒤에서 다루겠지만 전배아와 태아를 인공적으로 조작한다는 것이 오직 그것들을 수단으로서만 대접하고 있다고 생각할 이유가 전혀 없는 것 같다. 한편, 체세포 핵이식 복제 그리고 인공적 조작 없이 발생하는 쌍둥이 생산에 있어서의 복제 모두 다 자연스러운 것이 아니라고 말해진다. 하지만 Dawkins(1998, 57)는 이것이 윤리적 맥락과 관련을 맺으면서 주장되는 것이 아니라, 과학적 맥락과 관련지어 주장되는 것이라고 말하면서, 흥미롭게 '이기적인 유전자 정리'(the selfish gene theorem)-동물을 자기 유전자 복사물들의 생존을 극대화하도록 프로그램된 기계로 간주하는-를 받아들이는 진화 생물학자라면, 복제가 유성생식보다 더 '자연스러운' 것으로 이해할 수 있다고 말한다.

오직 수단(means)으로만 대접받아서는 안 된다는 도덕 법칙을 어기고 있다고 주장할 것이다.[37)]

필자는, 그렇지만 이 기술로 생산될 아기가 타인들의 어떤 목적을 위한 수단으로서만 대접받고 있거나, 더 나아가 한 상품으로서 대접받고 있다면 윤리적으로 문제가 될지 모르지만,[38)] 지금 우리가 논의를 진행하고 있는 경우가 주로 어떤 이유 때문에 아기를 갖고 싶지만 그럴 수 없는 경우에 생식보조기술로서의 인간 복제를 원하는 것이기 때문에-이 경우에 아기를 원하는 것이 어떤 선하지 않은 동기를 포함하지 않을 것 같고 이렇게 생산될 아기가 '오직' 수단으로서 '만' 대접받을 것이 아니기 때문에- 윤리적으로 문제가 될 수 없다고 생각한다.[39)]

체세포 핵이식 복제술을 사용하는 인간 복제에 반대하는 입장들 중에서 대중 매체를 통하여 널리 알려지고 설득력 있는 것처럼 오해를 일으키는 것은 우생학적 맥락에서-나치 독일의 위험스러운 경우를 회상시키면서- 발생하는 우려에 기초를 두고 있다. 그 입장에 의

---

37) 이러한 주장은 Kant가 그의 책 *Groundwork of the Metaphysics of Morals*(1785)에서 제시하고 있는 윤리학의 기본 원리들에 근거하고 있다. 이 맥락에서의 인간 복제에 대한 반대 입장을 보여주는 예는 Kitcher(1997)를 참조할 것.

38) 인간 복제에 찬성하는 사람이든 반대하는 사람이든 돈을 벌기 위한 상업적 거래를 목적으로 인간을 복제하는 행위는 반도덕적이라고 생각할 것이다. 그리고 Huxley의 ***Brave New World*** 또는 최근의 영화 <Blade Runner>에서 우리가 알 수 있듯이 오로지 어떤 사회적 목적을 위한 수단으로서 사용하기 위하여 인간을 복제하거나, 그 결과로 복제인간들이 심리적 피해를 입게 된다면 그 복제 행위는 반윤리적이다. 물론, 이러한 행위들이 소설이나 영화를 통하여 상상할 수 있고 실제로 일어날 법하지 않지만, 이러한 반도덕적인 성격의 복제가 현실이 되지 않도록 복제에 대한 부분적인 규제가 필요할 것이다.

39) 물론 아기를 낳을 수 있는 부부일지라도 생식보조기술을 사용하여 아기를 낳을 수도 있을 것이다. 그리고 이러한 경우가 윤리적으로 어떤 문제를 지니고 있다고 단정할 필요도 없을 것이다. 한편, 생식의 자유는 아기를 갖고 안 갖는 것에 대한(부부 동의 아래) 선택, 임신의 시기는 물론 임신 방법까지도 포함할 것이다. 그렇지만 일반적으로 임신에 관한 어떤 문제가 없는 경우에 부부들이 생식보조기술을 사용하는 경우는 거의 없을 것이다. 정상적으로 임신이 가능한 어떤 부부가 IVF에 의존할 것인가?

하면, 인간 복제를 원하는 사람들은 당연히 질적으로 나은 외모, 재능, 인성 등을 지닌 아기를 원할 것이기 때문에 그러한데, "아인슈타인과 재능 없는 한 물리학 정공 대학원생이 과학자로서는 크게 다른 가치를 지니겠지만, 인간으로서는 동등한 도덕적 가치를 공유하고 존중받을 자격을 지니기"[40] 때문에 그렇다는 것이다.

그렇지만 필자가 생각하기에, 이 반대 입장도 유전자 결정론이 옳다는 잘못된 신념에 근거하고 있다. 물론 인성에 대해서보다는 외모와 재능에 대해서 유전적 요소의 영향이 비교적 크다고 믿어지고 있지만, 앞에서 살펴본 바와 같이 인성에 대해서는 물론 재능과 외모에 대해서도 환경적 요소가 큰 비중을 차지하고 있다는 것만은-일란성 쌍둥이들의 경우만을 보더라도- 사실이다.[41] 한편, 특히 생식보조기술로서의 인간 복제의 경우, 그 인간 복제를 원하는 사람들의 주된 관심이 그들 자신과 유전적으로 연관을 갖는 2세 생산이지 우생학적 맥락이 아닐 것이다. 다시 말해서, 태어날 2세에게 큰 피해를 입힐 가능성이 예견되지 않는 한, 본인 또는 배우자의 유전자를 복제하려 하지 타인의 것일지라도(그 기준도 모호하거나 상대적인 경우가 많겠지만) 보다 나은 유전자를 복제하려 하지 않을 것이다.

아울러 그들이 우생학적 맥락에서 발생한다고 믿는 문제점은 보다 나은 것을 추구하는 인간의 욕구로부터 발생한다기보다는 앞에서의 경우를 예로 들자면, 아인슈타인과 재능 없는 대학원생이 과학자로서는 크게 다른 가치를 지닌다고 인정할 때의 '도구적 가치'와 둘 다 동등하게 지닌다고 생각하는 도덕적 가치와 같은 '본래적 가

40) Brock, 1997, 160.

41) 이러한 사실에 대한 보다 더 상세한 내용은 Collins(1994), Johnson(1997)과 Landau(1997)를 참조할 것.

치'를 혼동하는 것으로부터 기인한다고 생각해야 할 것이다. 그리고 이러한 혼동은 피해질 수 있고 피해야만 할 것이다. 결론적으로, 우생학적 맥락과 관련지어 인간 복제를 반대하는 입장도 설득력을 지니지 못한다고 필자는 생각한다.

카스, 김영진, 김상득은 인간 복제가 윤리적으로 정당화될 수 없는 이유를 그 기술에 의하여 탄생할 아기와 피복제인간 사이의 유전적, 혈연적, 사회적 관계와 관련지어 야기될 심한 혼란으로부터 발생할 자아 정체성에 대한 위기의식과 같은 심리적 피해에서 찾고 있다.[42] 예를 들어, 한 불임부부가 남편의 체세포와 아내의 난자를 이용하여 만든 배아를 아내의 자궁에 착상시켜 한 복제아기를 생산하였다고 가정해 보자. 이 경우에 어떤 사람은 극단적인 경우에 자기 아버지와 거의 동일한 유전자를 가진 그 아기가 성장하여 자기 어머니에 대해서 아버지처럼 성적 매력을 느끼는 일종의 근친상간적 인간성이 발현되면서 '나는 누구인가'의 의구심으로 심리적 고통을 입게 될 것이라고 주장한다.[43] 그렇지만 일란성 쌍둥이의 동생조차 쌍둥이 형의 아내에 대해서 이러한 감정을 갖지 않는 것으로 미루어 보아 이러한 생각은 기우일 것이다.

한편, 어떤 불임 부부가 아내의 체세포, 자궁, 공여된 난자를 사용하여 탄생시킨 복제인간이 자기 출생에 전혀 유전적으로 기여한 바가 없는 아버지에 대한 이질감으로부터 겪게 될 심리적 피해, 그리

42) Kass, 1998, 22-23; 김영진, 1998, 97-98; 김상득, 2000, 113-114.

43) Pence, 1998, 126. 어떤 사람은 이 경우에 복제인간과 체세포를 제공한 피복제인간 사이의 관계가 부자 관계가 아니라 시간적 차이는 있지만 쌍둥이 관계라고 생각한다. 그렇지만 공여 난자의 세포질 안에 있는 미토콘드리아 DNA가 복제인간 유전자에 전해지기 때문에, 즉 피복제인간과 복제인간의 유전형질이 100% 동일한 것이 아니므로 둘 사이의 관계가 쌍둥이 형제라고 볼 수 없을 것 같다. 한편, 피복제인간의 유전적 어머니가 난자를 제공하거나 그녀의 자궁에 관련되는 배아를 착상시키는 경우는 거의 없을 것이다.

고 가정의 불화 등을 생각해 볼 수 있다는 것이다. 그렇지만 그 아기가 이러한 사실을 알 만큼 성장하였을 때에는 왜 자기 부모들이 이러한 방식을 사용하여 자신을 생산할 수밖에 없었는가에 대한 충분한 이해를 할 수 있을 것으로 미루어 보아, 큰 문제가 없을 것으로 판단된다.[44] 그리고 길러 준 어머니가 낳은 어머니가 아니라는 사실을 안 어떤 소년이 심리적 방황을 하게 된다면, 그 이유는 낳은 어머니가 누구인가를 알고 싶은 욕구일 것이다. 그렇지만 지금의 경우는 그러한 종류의 아버지가 실제로 존재하지 않는다는 사실을 알 수 있는 경우이기 때문에 이러한 문제가 발생하지 않을 것이다. 김상득[45]은 이러한 경우에 이 아버지의 동생은 일상적인 의미로 복제아기의 삼촌이라고 볼 수 없기 때문에, 직계 존비속 개념의 혼동 그리고 재산권의 분할 및 상속권 개념에 혼란이 일어날 것이라고 주장하지만, 전혀 부모와 유전적 연결이 없는 입양아의 경우에도 이런 문제가 심각하게 발생한다고 생각하기는 힘들다. 한편, 이 경우의 복제아기는 모든 아기가 지닐 권리인 Harris[46]가 말하는, '두 개인 유전자 혼합의 산물이 될 권리'(the right to be the product of the mixture of the genes of two individuals)를 갖지 못하기 때문에 도덕적으로 잘못이라고 지적하는 사람도 있다. 다시 말해서, 성적 접촉이 없을지라도 일종의 유성생식인 IVF를 통한 시험관 아기 생산은 도덕적 문제가 없지만, 무성생식을 통한 복제아기 생산은 도덕적으로 금지되어야

---

44) 여기서 어떤 사람은 필자가 복제로 인해 벌어질 사태를 지나치게 낙관적으로 보고 있는 것이 아닌가라고 주장할 것이다. 예를 들어, 이러한 사실을 알 만큼 성장하고 이해하기 이전에 복제된 문제의 아기는 주변사람들에 의해 자기가 복제된 사실을 알게 되고 심리적 피해를 입게 될 것이라고 주장할 것이다. 그렇지만 IVF를 통하여 생산된 아기의 경우에 위와 같은 문제가 심각하여 IVF를 통한 아기 생산이 중단되었다는 보고를 아직 접할 수 없다.

45) 김상득, 2000, 115.

46) Harris, 1998, 33.

한다는 것이다. 하지만 필자는 후자의 경우가 도덕적으로 문제를 지닐 수밖에 없다고 믿을 어떤 합당한 이유도 찾을 수 없다.

더 나아가 인간 복제가 보편화되면, 점차 아기 생산에 있어 남성의 역할이 줄어들고, 그 결과로 남성들의 소외의식과 가족 제도의 붕괴로 말미암아 사회 전반에 큰 불행이 닥칠 것이라고 주장하면서 인간 복제를 반대한다. 그렇지만 필자 생각에, 인간 복제가 보편화될 것이라는 생각은 지나친 그리고 현실적이지 않은 추측으로 판단된다. 왜냐하면 정상적으로 아기 생산이 가능한 부부들이 구태여 인간 복제를 사용할 것인지는 무척 의심스럽다. 그리고 일반적으로 아기 생산을 위해서 남녀가 사랑하고, 성행위를 갖고, 가족을 구성한다기보다는 남녀가 사랑하기 때문에 가족을 구성하고, 성행위를 갖고 그 결과로 아기가 태어날 것이다. 다시 말해서, 남녀 사이의 사랑과 성행위가 자연스럽고 행복을 제공하는 한, 인간 복제가 보편화될 가능성은 아주 희박하다.

4. 허용 가능한 인간 복제

체세포 핵이식 복제술을 생식보조기술의 하나로 사용하는 인간개체복제는 작금의 기술적, 과학적 문제가 극복되어 복제인간에게 피해를 입힐 가능성이 제거되고 나면, 그 인간을 상업적 목적에서 복제하거나 오로지 수단으로서만 대우하는 것이 아닌 한, 근본적으로 어떤 도덕적 문제를 함의하고 있는 것으로 생각되지 않는다.

중요한 사회적 가치를 훼손하거나 사회에 큰 피해를 입히지 않는 한, 생식권, 즉 생식의 자유는 보장되어야 한다. 이러한 맥락에서 미래에 체세포 핵이식 복제술이 생식보조기술의 하나로 인정될 수 있을 때, 태어날 아기와 유전적 연결을 맺고자 하는 불임부부, 미혼자, 동성애자가 이 기술을 이용하여 아기를 가질 수 있을 것이다. 우선 먼저 불임부부의 경우를 살펴보자. 아내의 체세포, 난자를 사용하여, 즉 태어날 여자 아기와 아내가 시간 간격을 둔 쌍둥이가 되는 경우를 제외한다면, 아내가 임신녀가 되든 대리모를 이용하든, 복제자녀에 대해 부부가 공동으로 양육책임을 지기로 합의하고 아기를 가질 경우에 전혀 가족관계 등에 아무런 문제를 야기하지 않을뿐더러 오히려 그 가정의 행복을 증진시킬 것이다. Wilson[47]도 이러한 경우의 인간 복제가 도덕적으로 허용 가능하다고 주장한다. 그렇지만 Wilson[48]은 미래에 인공 자궁 등을 활용하여-여자의 자궁에 복제배아를 착상시키는 것 없이- 오직 실험실에서 복제아기를 생산하는 것은 그 아기에 대한 부모의 바람직한 태도 등을 위태롭게 만들 여지가 있으므로 반대한다고 주장한다. Kass[49]는, 그렇지만 Wilson의 이 반대에 "아이들을 입양한 부모들이 그 아이들이 어디로부터 왔는가에 상관없이 그 아이들을 사랑할 수 있다"고 대응하는 사람들이 있을 수 있다고 주장한다.

한편, 임신 가능한 부부일지라도 정상적인 방법을 통하여 아기를 가질 경우에 그 아기에게 큰 신체적 피해나 질병을 물려주게 될 유전자를 부부 둘 다 지니고 있다는 사실이 확인되었을 경우에 태어날 자녀와 유전적 연결을 맺을 수 있는 생식보조기술로 체세포 핵이식 복제술을 사용할 수 있을 것이다.[50]

---

47) Wilson, 1998, 71-73.
48) 같은 책, 66.
49) Kass, 1998, 83.

둘째로, 미혼자와 그·그녀의 체세포를 사용한 복제아기의 관계가 시간 간격을 둔 쌍둥이가 되는 것을 제외한 경우일지라도 아빠 또는 엄마 없이 그 아기가 성장하면서 불행해질 가능성이 높다면 미혼자의 복제아기 생산은 금지되어야 할 것 같다. 물론 아빠 또는 엄마 없이 아기가 성장하면서 불행해질 가능성이 없게 될 사회적 조건이 상차 바련될 수 있다면, 그 때는 이 경우에도 허용 가능할 것이다.

마지막으로, 키처는 동성애자의 어느 한쪽과 복제아기의 관계가 시간 간격을 둔 쌍둥이 관계가 아니라면 동성애자의 경우야말로 인간 복제가 가장 옹호될 수 있는 맥락이라고 말한다.[51] 그렇지만 물론 동성애자의 복제자녀가 불행해질 가능성이 없는 사회에서는 키처의 주장이 설득력을 지닐 것이지만, 부모가 동성애자라는 사실 때문에 그 복제자녀가 불행해질 가능성이 높은 사회에서는 그의 주장은 설득력을 잃게 될 것이다.

나. 컴퓨터과학 및 정보기술의 발달과 윤리

컴퓨터 및 정보기술의 발달

제2차 세계대전 당시 고사포 진지에서 빨리 날고 있는 적의 비행기 격추를 위하여 고사포 포탄의 조준점을 빨리 계산해야 되는 상황에서 빠른 계산 장치가 절실히 필요하였다. 그 후 미국 펜실베이니아 대학에서 많은 진공관을 사용한 빠른 계산 장치, 즉 컴퓨터가, 암

50) National Bioethics Advisory Commission, 1997, 77.
51) Kitcher, 1997; 여기서는 Pence(1998, 73)에 재수록된 것을 인용하였음.

호명 '하얀 코끼리'를 가지고, 우리 앞에 등장하게 되었다.

<'하얀 코끼리' 애니악 1호>[52]

그 후 진공관을 대치하는 반도체 개발과 그 산업의 급속한 성장은 컴퓨터의 소형화를 가능하게 만들었다. 그리고 컴퓨터 소프트웨어 산업의 발달은 다양한 기능을 갖춘 컴퓨터를 세상에 선보였다. 이 컴퓨터의 활용 결과는 사무 및 공장 자동화는 물론 스마트폰 등으로 개인의 삶 속에 깊이 파고들었다. 이제 컴퓨터 없이 생활한다는 것은 상상할 수도 없게 되었고 우리를 정보화 사회로 밀어 넣었을 뿐더러 모든 산업에 IT, 즉 정보기술을 접목하는 융합기술의 시대로 성장하고 있다.

컴퓨터 및 정보통신기술의 괄목할 만한 성장, 활용은 우리의 삶에

52) blog.ohmynews.com

어마어마한 편리함과 행복을 늘려 주었다는 사실을 부정할 사람은 없을 것이다. 하지만 그것 또한 우리가 예측하지도 못했던 것까지 많은 문제와 정신적, 물질적 불행을 안겨 주고 있다는 것도 부정하지 못할 것이다. 예를 들어, 익면성이 없다는 허점을 이용하여 타인에게 심리적 피해를 줄 뿐만 아니라 심지어 연예인의 죽음까지 몰고 가는 프라이비시 침해 문제, 남의 정보를 해킹한 것을 이용하여 예금 인출 등을 통한 경제적 손실 입힘, 북한 해커 부대의 역할로 인한 국내 기간시설의 소요 사태 등등.

윤리적 문제와 접근

본 절의 이 항에서는 컴퓨터 그리고 정보통신기술 등의 발달로 인한 윤리적 문제들 중의 대표적인 프라이버시 침해 문제와 해킹에 의해 발생하는 도덕적 문제를 응용윤리에 대한 전통적 관점[53]에서 분석하고자 한다.

이 분야를 '정보기술윤리'(Information Technology Ethics) 또는 '정보통신윤리'라고 일컫는데 그 예시로 우선 먼저 본인의 글 「첨단정보기술사회의 프라이버시 문제」[54]를 소개한다.

---

53) 응용윤리 영역에서 현시점 발생하는 도덕적 현안 문제에 규범윤리를 응용, 적용하여 논의 그리고 답변을 구해야 한다는 방법론적 견해를 응용윤리에 대한 '전통적 관점'이라고 말한다. 그리고 현안 문제에 여러 분야-윤리, 철학, 종교, 정치, 경제, 법, 과학기술, 시민단체 등등-가 협업하고 사회적 합의를 도출하는 방식을 지향하는 최근의 응용윤리의 경향도 나타나고 있고 어느 방법론이 적절한 것인가에 대한 논쟁이 응용윤리학계에서 벌어지고 있다.

54) 본 글은 『범한철학』 38집(2005 가을), 71-90쪽에 실려 있음.

<예시 1> 첨단 정보기술사회의 프라이버시 문제

1. 들어가는 말

20세기 마지막 해를 바로 앞두고 세계 각국의 주요 관심사 중의 하나가 Y2K이었다는 것을 우리는 기억한다. 과장되게는 Y2K 문제가 지구촌 사회에 막대한 혼란과 피해를 야기함으로써 세기말에 등장하곤 했던 지구 종말론이 현실화될 것이라는 소문까지 나돌았었다. 물론 이것의 배경 하나에는 과학기술 비관론적 사고가 자리 잡고 있었음을 부정할 수 없다.

그렇지만 실제 결과는 Y2K 떠들썩함이 늑대와 소년 이솝우화의 장난 상황에 비교해도 좋을 만큼, 우려했던 그러한 큰 문제 발생 없이 싱겁게 막을 내렸다. 물론 여기에는 전문가들의 뚜렷한 문제인식과 충분한 대처가 있었기 때문이라는 것을 잘 알고 있다.

한편, 큰 우려와 떠들썩함에 어울리지 않는 이 싱거운 결과가 다시 한번 앞의 이솝우화 후반부 상황에 비교해도 좋을 만큼, 컴퓨터 관련 첨단 정보기술 사용에 있어 실제로 일어나고 있는 여러 문제에 우리의 무관심과 지나친 관용을 일으켰는지도 모른다.

아직 현실화되지도 않았고, 설사 현실화된다고 치더라도 큰 문제가 되지 않을 가능성이 높은 생식보조기술로서의 인간개체 복제 문제에 대한 떠들썩함에 비하면, 실제로 문제의 심각성이 높고 관련 범위도 넓을 컴퓨터 관련 첨단 정보기술 사용에 따른 윤리, 사회적 문제에 우리는 다소 소홀하고 있는 것 같다 특히, 2003년의 1·25 인터넷 대란 등에서 확인할 수 있었던 것처럼 안전의식과 과학적 마

인드가 충분히 높지 않은 상황에서 아주 높은 세계적 수준의 정보화 사회를 지향, 구현하는 데 앞서 가고 있는 우리나라의 경우에 그 심각성은 더할지도 모른다.

컴퓨터 관련 첨단 정보기술의 오용과 남용으로 발생하는 주요 문제들 중에 필자는 본 논문에서 프라이버시 침해 문제와 관련된 것들을 분석 검도할 것이다. 우선 먼저 2장에서 프라이버시 개념을 분석할 것이다. 프라이버시가 무엇을 의미하고, 특히 컴퓨터 관련 정보기술의 발달과 그것의 관련성이 무엇인가를 밝힐 것이다.

둘째로, 3장에서 첨단 정보기술사회의 프라이버시 침해의 사례들을 분석하고, 그 경우들이 왜 도덕적으로 문제가 되는가를 밝힐 것이다. 특히 해킹, 스파이웨어, 그리고 감시기술 등도 프라이버시와 관련지어 왜 도덕적으로 부당한가를 보일 것이다.

2. 프라이버시 개념 분석

"프라이버시"라는 용어를 비교적 적절하게 사용하고 있는 점에 비추어 볼 때, 즉 프라이버시와 프라이버시가 아닌 것을 우리가 비교적 잘 구분하고 있는 점에 미루어 보아, 우리가 프라이버시를 인지하고 있는 것은 사실이다. 그렇지만 프라이버시가 무엇을 의미하는가에 대한 간단하고 명료한 대답을 제공하는 일은 그렇게 쉬운 일이 아닌 것으로 여겨진다.

한편, 프라이버시는 로크, 루소, 훔볼트(Wilhelm van Humboldt), 밀(J. S. Mill)과 같은 자유주의 철학자들로부터도 별로 주목을 받지 못했다.[55] 1890년에 처음으로 브랜디스와 워렌이 프라이버시에 대한 법률적 분석을 시도하였고, 1960년대 말에 이르러서야 그것에 대한 본격적인 철학적 토의가 시작되었다.[56]

그렇지만 아직 보편적으로 받아들여지고 있는 프라이버시에 대한 정의가 존재하는 것은 아닌 것 같고 그 낱말의 의미는 크게 3범주로 나누어 정리할 수 있는 것 같다.[57] 첫째로 "프라이버시"는 개인 또는 개인의 영역에 접근을 못 하게 하는 것을 의미한다. 워렌과 브랜디스는 프라이버시를 혼자이게 하는 권리(the right to be let alone)라고 정의했다.[58] 그렇지만 페어런트가 지적하였듯이,[59] 이러한 종류의 프라이버시에 대한 정의는 너무 넓은 것이다. 왜냐하면 강요, 폭력, 학대와 같이 어떤 개인을 혼자이게 하지 않지만 그 사람의 프라이버시에는 아무 관련이 없는 방식들이 많이 있기 때문이다.

한편, 개인의 영역에 접근을 못 하게 하는 것이 개인에 대한 지식 획득을 못 하게 하는 것을 의미한다고 할 때 이것은 프라이버시 자체에 대해서 말하는 것이 아니다. 그것은 프라이버시를 보호하기 위한 수단을 언급하는 것이다. 다시 말해서 그 수단에 의해 보호되는 것이 프라이버시인 것이다. 우리가 행복을 얻기 위해서 어떤 행운을 가져야 한다고 할 때, 행복 그 자체가 행운을 의미하는 것은 아닌 것과 마찬가지로, 프라이버시와 그것을 보호하기 위한 수단이 혼동되어서는 안 된다.[60] 결론적으로, 프라이버시에 대한 첫 번째 정의는 적절하지 않다고 생각된다.

---

55) Introna(1997), 261.
56) 같은 책, 같은 쪽.
57) 같은 쪽.
58) Brandies and Warren(1890), 205. van den Haag(1971, 149)과 Gross(1967)도 이 정의에 동의한다.
59) Parent(1983a); 여기서는 Johnson and Snapper(1985, 203)에 재수록된 것을 인용하였음.
60) 같은 책, 204.

둘째로, "프라이버시"의 다른 의미는 기혼자 또는 미혼자의 경우에 아기를 가질 것인지 아닌지에 대한 결정의 경우와 같은 중요한 개인적 사항들에 대한 자기 관리, 즉 일종의 자율(autonomy)[61]이다. 파커는 프라이버시를 우리들의 여러 부분을 다른 사람이 언제 감지할 수 있는가에 대한 그리고 그 부분을 다른 사람이 누구에게 감지될 수 있게 하는가에 대한 자기 관리와 동일시한다.[62]

그렇지만 프라이버시를 개인정보의 배포에 대한 통제와 동일시하는 이 정의는, 다시 말해서 프라이버시를 일종의 자기 관리로 간주하는 이 생각은 프라이버시를 자유(liberty)의 부분으로 여기는 개념적 혼동을 함의하고 있다고 페어런트는 주장한다.[63] 어떤 사람의 중요한 개인적 사항들에 대한 본인의 관리, 즉 자율이 유지되면 그 사람은 외부 제약으로부터 벗어나 있다는 의미로 자유롭다는 것은 사실이다. 그렇지만 자유권(the right to liberty)이 프라이버시권(the right to privacy)이 아니라는 것은 명백하고, 프라이버시를 자유와 혼동하고 있는 이 정의는 올바르지 않다는 것이다.

더군다나 어떤 사람이 의도적으로 자신에 대한 사사롭고 개인적인 공개되지 않은 정보를 배포하는 경우처럼 개인정보의 배포에 대한 본인의 관리가 분명히 유지되고 있지만 그 사람의 프라이버시가 지켜지고 있다고 보기에는 어려운 경우가 존재하기 때문에 이 정의도 부적절한 것으로 생각된다.

셋째로, "프라이버시"에 대한 또 다른 의미는 "공개되지 않은 개

61) 같은 책, 203.
62) Parker(1974, 280), Frid(1970, 141), Wasserstom(1979, 148-167), Altman(1976, 8; 1977, 67)도 이 정의를 받아들이고 있다.
63) Parent, 204.

인정보가 타인에 의해 소유되지 않는 상태이다."[64] 여기서 공개되지 않은 개인정보(undocumented personal information)란 건강 기록과 같이 병원 측에 본인이 제공하여 문서화되어 있다 할지라도 공공에게 공개되지 않은 정보를 포함한다. 한편, 이 정보는 어떤 개인에 대한 것일지라도 출판이나 공적 매체를 통하여 보도된 것은, 사적 자산이 아니라 공적 자산이기 때문에, 포함하지 않는다.

아울러 공개되지 않은 개인정보라 할지라도 프라이버시가 문제가 되는 상황은 그 정보가 타인에 의해 소유되었을 때 발생하기 때문에 "프라이버시"에 대한 정의는 타인에 의해 소유되지 않는 상태를 포함하는 것이다. 필자는 "프라이버시"의 정의에 대한 3범주 중에 마지막 것을 본 논문에서 "프라이버시"에 대한 정의로 간주할 것이다. 그 이유는 이 정의가 본 논문에서 다룰 주제-컴퓨터 관련 정보기술의 발달에 기인한 여러 프라이버시 문제에 가장 관련성을 많이 갖는 경우이기 때문이다. 그런데 "프라이버시"에 대한 세 번째 정의를 받아들이면서 프라이버시 개념이 갖는 다음과 같은 특성을[65] 이해하는 것이 본 논문의 주제를 다루는 데 효율적일 것이다. 첫째로, 프라이버시는 관계 개념이다. 사람들이 상호작용하는 데에서 프라이버시에 대한 쟁점이 일어난다는 뜻이다.

둘째로, 프라이버시는 개인적 영역과 관련지어진다. 그리고 어떤 사람의 개인적 국면이란 일반적으로 타인의 중요한 이해관계에 영향을 미치지 않는 국면을 말하며 문화적 맥락과 관련지어 규정된다. 다시 말해, 어떤 문화권에서는 개인적 국면인 것이 다른 문화권에서

64) 같은 책, 202.
65) Introna, 264.

는 그렇지 않을 수 있다는 것이다.

셋째로, 어떤 사람이 본인의 개인적 국면에 대한 프라이버시를 주장하는 것은 본인 또는 그 국면에 대한 타인의 판단으로부터 벗어나 자유롭고 싶기 때문이다. 이런 점에서 프라이버시는 자유 또는 자율과 관련을 맺는다.

마지막으로, 프라이버시는 상대적 개념이다. 어떤 상황에서는 프라이버시에 해당하는 것이 다른 상황에서는 그렇지 않을 수 있다. 예를 들어, 어떤 사람의 개인적 국면이 그 사람과 아주 가까운 친구와의 사이에서는 프라이버시에 해당하지 않지만 친구 사이가 아닌 다른 사람과의 사이에서는 프라이버시일 수 있다는 것이다.

이제 컴퓨터 관련 정보기술의 발달이 왜 프라이버시 문제에 대한 우리의 관심을 한층 더 고조시키고 있는가에 대해서 살펴보도록 하자. 컴퓨터의 정보 저장 및 합성 기술은 과거에 비해 막대한 양의 정보를 모으고 다룰 수 있게 해 준다. 그 결과로 과거에 비해, 어떤 개인에 대한 아주 많은 양의 정보가 컴퓨터에 저장되어 있고, 그 정보가 누군가가 마음먹으면 그 개인의 허락 없이 소유하거나 배포할 가능성이 아주 높아지게 되었다. 인터넷의 확산과 해킹 기술 등의 발달은 그 가능성을 더욱 높이고 있다고 생각된다. 따라서 프라이버시가 침해될 가능성이 높아질 수밖에 없는 것이 당연한 귀결이다.[66]

한편, 위에서 언급한 컴퓨터 관련 정보기술의 발달과 더불어 도청 및 감시기술의 발달[67]이 프라이버시 침해를 더욱 가속화시키고 있다는 것은 이제 상식처럼 여겨진다. 그리고 지식 또는 정보산업사회

---

66) 더 자세한 설명은 Nissenbaum(1998, 564-565) 참조.

67) 첨단 도청 및 감시기술에 대한 더 자세한 내용은 Forester & Morrison(1994, 155-157) 참조.

에서 정보의 중요성이 충분히 인식되고 있으므로 우리들은 다른 개인의 정보를 소유하고 싶은 유혹에 빠지기도 쉬운 것으로 생각된다. 결론적으로, 정보화 사회에서 특히 컴퓨터 관련 첨단 정보기술 등을 소유한 우리가 프라이버시 문제에 큰 관심을 갖는 것은 너무 당연한 일이다.

3. 컴퓨터 사용 관련 프라이버시 문제

첨단 정보기술사회의, 특히 컴퓨터 사용과 관련된, 프라이버시 침해 행위-주로, 개인정보 수집, 유출 및 조작, 해킹, 고용인 감시와 연관 지어-가 왜 도덕적으로 정당화될 수 없는가를 밝혀 보자. 우선 먼저 공개되지 않은 개인정보를 본인의 동의 없이 수집하거나 처음 정보 수집할 때 피수집자에게 밝힌 목적이 아닌 경우로 수집자가 그 정보를 사용하거나 유출하는 경우, 그리고 수집할 때 밝힌 정보의 보관 기간이 지난 다음에 수집자가 그 정보를 활용 또는 조작한 경우를 살펴보자.[68]

2003년도 1/4분기 개인정보침해신고센터에 접수된 상담 및 신고 사례의 유형별 분류에서 가장 큰 비중을 차지하고 있는 것은 공개되지 않은 개인정보의 하나인 타인의 주민등록번호를 수집, 도용하여 인터넷 사이트에 가입한 경우였다.[69] 이러한 경우의 대부분은 적든

---

68) Brown은 그의 책 *The Information Game*, 84에서 개인정보를 '적절하게' 수집, 보관 및 사용할 때 필요한 기준 5가지를 소개하고 있다.

69) 개인정보침해신고센터(2003. 4), 2. 같은 글(8-14쪽)에 구체적 사례의 하나('세이클럽 아이디, 비밀번호 및 주민등록번호 도용')에 대한 법률적 검토-정보통신망법, 절도죄, 사기죄 등과 관련하여-가 간단히 소개되어 있다. 그렇지만 필자는 본 논문에서의 논의를, 앞의 세이클럽 경우와 같이 컴퓨터 사용을 통한, 타인의 주민등록번호와 같은 공개되지 않은 개인정보를 본인의 동의 없이 수집 및 도용하는 경우에 대해서, 프라이버시와 관련지어, 법률적이 아닌 철학적,

많든 피수집자에게 경제적, 심리적 피해를 입히는 결과를 초래하고 있다. 따라서 이러한 종류의 프라이버시 침해는, 공리주의의 관점에서 도덕적으로 올바르지 않은 행위이다.

일반적으로 프라이버시, 즉 공개되지 않은 개인정보가 타인에 의해 소유되지 않는 상태에 대한 존중은 도덕적 가치에 관한 이론 중 이 하나인 특성 공리주의(trait-utilitarianism)- "만일 그리고 오지 그 특성을 행동화한 것이 최소한 어떤 다른 특성보다도 최대의 보편적 선을 결과할 때에만 이것을 개발해야 한다[는] 주장"[70]- 관점에서 도덕적 선으로 받아들여진다. 그리고 "최대의 보편적 선"에서 "선"은 '무도덕적 가치로서의 선'[71]을 가리킨다.

윌리엄스에 따르면,[72] 프라이버시는 무도덕적 가치의 한 종류인 '본질적 선'(an intrinsic good)-그것 자체의 본질적인 속성 때문에 자체가 선한 것, 즉 모든 상황에서 선한 것-이 아니라 어떤 목적을 위해 유용한 수단이기 때문에 선한 무도덕적 가치의 다른 한 종류인 '도구적 선'(an instrumental good) 이다. 프라이버시가 도구적 선이라는 것을 윌리엄스는 다음과 같이 설명한다:

> 개인적 성장, 창조성이 존중되는 사회에서 프라이버시는 중요하다. 프라이버시는 우리에게 과거의 자아로부터 새로운 자아, 즉 삐뚤어진 자아로부터 회복된 자아로의 중간 단계의 변천 과정을 공공에게 드러냄 없이 신뢰할 만한 친구로부터 도움을 받을 기회를 제공한다. 마찬가지로 프라이버시는 위대한 사상가들이 정통이

윤리적 검토에 한정시키고자 한다.

70) 박봉배(1982), 98.

71) '도덕적 가치로서의 선'과 '무도덕적 가치로서의 선'에 대한 구분과 후자의 종류에 대한 자세한 설명은 박봉배(1982, 126-127) 참조.

72) Williams(1997), 15.

> 아닌 생각들을 공공의 비웃음을 사지 않고, 시험하고, 버리고, 세련되게 만들 기회를 제공한다. 프라이버시는 과학자들이 획기적인 발명, 발견을 할 기회를 제공한다.[73)]

특히 자유와 개성, 독립적 사고, 다양한 견해들, 불일치,[74)] 경쟁[75)] 등을 중요시하는 민주주의사회에서는 프라이버시가 도구적 선으로 받아들여지고 있다.[76)] 따라서 앞의 세이클럽의 경우에 있어, 프라이버시 침해, 즉 공개되지 않은 개인정보인 주민등록번호를 본인의 동의 없이 수집한 그 자체만으로도 도덕적으로 정당화될 수 없는 것이다.

다음으로 수집할 때 피수집자에게 밝힌 목적이 아닌 경우[77)]로 그 정보를 사용하거나 유출하는 예를 살펴보자:

> 신고인은 인터넷 취업사이트를 운영하는 피신고인에게 이직을

73) 같은 책, 15-16. 상대적으로 '개인의 자유와 자율'을 중요시하는 자유주의(개인주의)에서 프라이버시가 선이라는 것은 비교적 명백하게 보인다. 그렇지만 상대적으로 '공동체의 필요'를 중요시하는 공동체주의(집산주의)에서는 그렇지 않게 보인다. 하지만 Schoeman(1992, 155-159)은 '삶의 여러 국면들'(spheres of life) 중 개인적 국면들뿐만 아니라 공공의 국면들의 보전을 위해서도 프라이버시가 도구적 선이라고 주장한다; 그리고 Introna(265-268)도 공동체의 필요조건인 사회적 관계들과 역할이 유지되기 위해서는, 특히 악한 사람들이 공존하는 현실 사회에서는, 프라이버시가 도구적 선이라고 주장한다. 공동체주의에서도 프라이버시가 중요한 것에 대한 자세한 설명은 Parent(1983b; Johnson and Snapper, 201-215에 재수록)의 "Privacy, Morality, and the Law"의 II절(the Value of Privacy)과 Nissenbaum의 III장(Should We Protect Privacy in Public?)과 IV장(Privacy and Contextual Integrity) 참조.

74) Westin(1985), 187. Westin(186-192)은 민주주의국가에서 프라이버시가 도구적 선이라는 것을 '개인의 자율, 정서적 안정, 자기평가, 제한되고 보호받는 커뮤니케이션'과 관련지어 설명한다.

75) Rachels(1975); 여기서는 Johnson and Snapper(1985, 194-195)에 재수록된 것을 인용하였음.

76) 러시아, 중국은 물론이고 북한과 같은 공산주의국가에서도- '북한 IT 현황과 특징'에 대한 연구자(송경준)에 따르면- 경쟁 체제를 도입하면서 점차 프라이버시 존중에 대한 인식이 싹트고 있다고 한다.

77) 개인정보를 수집할 때의 맥락 밖에서 그 정보를 사용할 경우의 위험성에 대해서, Weckert와 Adeney는 그들의 책 *Computer and Information Ethics*, 82쪽에서 맥락의 중요성을 강조하면서, 그리고 맥락이 바뀔 때 이전 맥락의 옳은 정보에 입각한다손 치더라도 그른 결론으로의 추리를 행할 수 있다는 점을 들어 잘 설명하고 있다. 한편 인간의 삶, 특히 언어 사용은 분명치 않음(fuzzy)의 특징을 갖는 반면, 컴퓨터 시스템은 엄밀성(precise)이라는 대조적 특징을 갖는다는 점에 비추어, 여러 데이터베이스로부터 정보를 수집, 합성할 때의 위험성도 함께 설명하고 있다.

> 위해 컨설팅을 의뢰하였는데 ○○경제신문……에 자신의 컨설팅 관련 기사가 나왔고 설명이 거론되지는 않았지만 본인 여부를 알 수 있도록 기사가 실림. 근무하고 있는 직장의 사장이 이 기사를 보았고 이로 인해 직장 내에서 급여 인상 과정에서의 불이익 및 정신적으로 피해를 보았기에……. [신고인 주장] 피신고인은 고객들을 대상으로 구인, 구직과 관련된 정보를 제공하고 있던 중 홍보활동의 일환으로 ○○경제신문의 지면 중 캐리어 컨설팅 코너에 컨설팅 사례에 관한 기사를 제공하여 왔음. 신고인에 대한 자료 제공 역시 상기에서 기술한 취업, 이직 및 전직 등 구직활동을 하는 국민들을 대상으로 컨설팅 사례를 제공하는 과정에서 발생된 사항이며, 신고인의 컨설팅 의뢰 내용이 게재된 것은 기사의 신선도를 위해-최근의 컨설팅 사례를 선별하는 의도적으로 신고인의 신상을 공개한 것은 아니라고 ……. [피신고인 주장][78]

그런데 피신고인의 개인정보보호정책[79]에 명시되어 있음에도 불구하고, 피신고인이 신고인의 개인정보를 수집할 때 밝힌 목적이 아닌 다른 경우로 그 정보를 사용, 유출한 것이 명백하다. 물론, 의도적이지는 않다손 치더라도 이 프라이버시 침해 행위[80]는 신고인에게 경제적, 심리적 피해를 야기하였으므로 도덕적으로 올바르지 않다고 판단된다.[81]

이제 개인정보를 수집할 때 밝힌 보관 기간이 지난 후에 수집자가 그 정보를 활용 또는 조작한 예를 분석해 보자:

---

78) 개인정보침해신고센터, 31-32.

79) 같은 글, 32. 인용된 것은, 제6조 ① xx는 귀하의 개인정보를 「개인정보의 수집목적 및 이용목적」에서 고지한 범위 내에서 사용하며, 동 범위를 초과하여 이용하거나 타인 또는 타기업·기관에 제공하지 않습니다.

80) 여기서 어떤 이는 의도가 포함되어 있는 '적극적인' 프라이버시 침해와 의도가 포함되어 있지는 않지만 결과적으로 프라이버시 침해가 발생하는 '소극적인' 프라이버시 침해를 구분하고자 한다.

81) 피신고인은 이 행위가 도덕적으로 부당했었음을 인정하고 신고인에게 정식으로 사과하는 등의 조치(자세한 내용은 같은 글, 33쪽 참조)를 약속하였다.

> 신청인 최……(여, 만 27세)은 2001년 피신청인이 운영하는 온라인게임사이트에 회원으로 가입하여 이용하다가 2002. 8. 2일 회원에서 탈퇴하였음. 당시 신청인은 "○○호랑이"라는 ID를 사용하면서, 자신의 포토앨범에 자신의 사진 등을 직접 게재한 바 있음. …… 청구 외 하 모 씨(남, 만 26세)는 2002년 8월 말 정상적인 절차를 거쳐 신청인이 사용하던 ID인 "○○호랑이"를 피신청인으로부터 발급받았는데, 당시 하 모 씨의 "○○호랑이" 포토앨범에는 신청인이 예전에 게재한 사진이 그대로 노출되어 있었음. …… 2002. 12월 신청인은 자신이 예전에 사용하던 ID가 타인에 의해 사용되고 있을 뿐만 아니라 당해 ID의 포토앨범에 자신의 사진이 그대로 게재되어 있는 사실을 발견함. 게다가 "방명록"에는 포토앨범에 게재된 선청인의 사진을 보고 성적 수치심을 느끼게 하는 다수의 글이 게재된 것을 발견함. …… 또한 사실조사 과정에서, 피신청인이 회원탈퇴 이후 6개월이 경과한 현재까지 신청인의 주민등록번호, …… 등을 보유하고 있는 것으로 확인되었음. 이에 신청인은 피신청인이 자신의 회원탈퇴 이후에도 주민등록번호, 사진 등 개인정보를 파기하지 않고 보유하고 있을 뿐만 아니라, 피신청인이 관리를 소홀히 하여 자신의 사진 등 개인정보를 타인에게 누출시킴으로써 성적 수모를 받게 하였다며, 피신청인에게 공개 사과와 정신적 피해에 대한 배상을 요구함.[82]

이 실례는 피신청인 온라인게임사이트 사업자가 신청인, 즉 회원탈퇴한 그 사이트 이용자의 사진, 주민등록번호와 같은 개인정보를 이용자에게 명시적으로 밝힌 보관 기간이[83] 지난 이후에 활용, 누출한 경우를 보여 준다. 이러한 경우의 프라이버시 침해는 신청인에게 정신적 피해를 입히고 있다. 앞에서 살펴본 공리주의 관점에서 볼 때 피신청인의 행위가 도덕적으로 올바르지 않다는 것은 명백하다.[84]

---

82) 개인정보침해신고센터, 68.

83) 피신청인의 개인정보보호정책에 따르면 개인정보 보유기간을 "해지 신청 후 3주"라고 명시하였고, "3주 경과 후, 즉시 회원의 모든 개인정보를 삭제"한다고 명시하였다.

84) 피신청인은 개인정보침해신고센터 조정을 받아들여 신청인에게 보상으로 1,500,000원을 지급

둘째로, 해킹 행위가 프라이버시와 관련지어, 왜 도덕적으로 정당화될 수 없는가[85]를 살펴보자. "해킹"이라는 용어는 여러 가지 의미를 가지고 있지만,[86] 여기서는 "해킹"이 "시스템 또는 네트워크 관리자나 소유자에 의해서 허가되지 않은 컴퓨터 관련 행위 모두"[87]를 의미하는 것으로 간주한다.

우선 해킹의 실례들을 살펴보자:

> 인터넷뱅킹 첫 해킹 …… 사용자 보안관리 절실 [머니투데이 2005. 6. 3] 인터넷뱅킹 시스템을 해킹해 피해자의 계좌에서 거액을 인출한 초유의 사태가 발생, 인터넷뱅킹 이용자들이 극도로 불안해하고 있다. 다중의 보안체계를 갖춘 인터넷뱅킹을 해킹한 것은 국내 처음이다. 이번 인터넷뱅킹 해킹 사고는 …… 충격적이다. 사용자 PC환경을 비롯한 전반적인 금융 보안 프로세스보다는 시스템 내에서 다중 보안체계에만 신경을 써 왔던 금융권의 허점을 노렸다. 한국정보보호진흥원 성재모 해킹바이러스대응팀장은 특히 금전적 피해가 우려되는 인터넷뱅킹 시 키보드 유출방지프로그램을 반드시 실행해야한다며…….[88] 동영상 강의자료 해킹 [부산 연합뉴스] 황 씨는 지난해 10월부터 지난 3월까지 전기・산업・소방기사 자격증 시험과 관련한 인터넷 동영상 자료를 제작해 판매하는 D학원과 E커뮤니케이션 등 3개 회사의 홈페이지를 해킹, …… 자료를 빼낸 혐의를 받고 있다. 황 씨는 해킹한 자료를 인터넷 자격증 동호회원 40명에게 CD롬 13장당 7만-9만 5천 원에 판매해 모두

하였음.

85) 해킹이 도덕적으로 정당화될 수 있는가, 없는가에 대한 일반적 논의는 Forester and Morrison (1994)의 Ch. 4 Hacking and Viruses에 있는 Hackers: Criminals or Modem Robin Hoods? (84-86쪽), The Hacker Crackdown(86-90쪽), Ethical Issues Arising from Hacking(99-103쪽); Langford(1995)의 Ch. 8 Systems management and 'hacking'에 있는 Is there an ethical position on hacking?(88-90쪽); Ermann, Williams and Shauf(1997)에 실려 있는 Spafford의 Ch. 9 Are Hacker Break-ins Ethical?에 있는 "Motivations"(79-86쪽) 참조; 본 논문에서는 해킹의 도덕적 정당화 관련 논의 중 프라이버시와 관련된 것만을 다룰 것임.

86) Guy Steele 등은 그들의 책 *The Hacker's Dictionary*에서 해커의 적어도 7가지 정의를 간략히 소개하고 있다. 더 자세한 내용은 Forester and Morrison(78쪽) 참조.

87) Forester and Morrison, 78.

88) PC지기(2005. 6. 15).

> 240만 원의 부당이익을 챙겼다…….[89] 해킹, 안전지대는 없다. …… 1997년, …… 중학생 김 모 군(15)은 D사의 PC통신망에 침입해 전자우편, 게시판 등에 있던 자료 4만여 건을 무단으로 지웠다. 고등학교 입학 기념으로 추억을 만들기 위해서였다. 같은 해 대학생인 김 모 군(19)은 PC통신 나우콤에 침입해 이용자들의 ID와 비밀번호를 훔치는 과정에서 전산망을 고장 내 6시간 동안 통신망을 마비시켰다. …… 90년대 중반까지만 해도 해커들의 공격 목표는 네트워크에 연결된 몇 안 되는 대형 컴퓨터였다. 그러나 초고속 인터넷이 대중화되면서 개인이나 민간기업 서버뿐만 아니라 개인용 PC도 해킹의 대상이 된 것. …… 수법 …… 개인정보 유출 …… 등으로 다양화하고 있다. …… 인터넷에 연결된 자신의 PC에서 언제 누가 나를 사칭하며 자료를 빼갈지 모르는 세상이 되고 있는 것이다.[90]

앞의 예들에서 드러나듯이 해킹 행위는 피해킹자들에게 경제적, 심리적 피해를 입히는 것뿐만이 아니라 그들의 공개되지 않은 개인정보를 동의 없이 수집, 훼손, 오용하고 있다는 점에서 명백히 프라이버시를 침해하고 있다. 프라이버시 침해가 앞에서 살펴보았듯이, 공리주의 관점에서 도덕적으로 정당화될 수 없다면, 프라이버시 침해를 수반하고 있는 해킹 행위는 당연히 도덕적으로 부당하다고 생각된다.

한편, 해킹 행위를 통하여 개인정보를 동의 없이 수집만 한 경우, 다시 말해서 경제적 피해를 입히지 않은 경우에도, 웩커트와 에드니에 따르면,[91] 피수집자에게 피해를 줄 잠재성이 크기 때문에 도덕적으로 그르다고 주장한다. 하지만 필자는 이러한 경우도 프라이버시를 침해하고 있기 때문에 도덕적으로 올바르지 않다고 생각된다.

---

89) PC지기(2004. 7. 9a).
90) PC지기(2004. 7. 9b).
91) Weckert and Adeney(1997), 84.

이제 프라이버시 침해를 수반하기 때문에 도덕적으로 정당화될 수 없는 스파이웨어(spyware) 배포 행위에 관하여 간단히 살펴보자. 스파이웨어란 무료로 배포되는 소프트웨어를 인터넷 등으로 내려받을 때, 그 속에 숨어 있다가 사용자의 컴퓨터에 설치되어 있는 그의 개인 신상 정보를 자동으로 스파이처럼 빼내 가는 프로그램[92]을 말한다. "'고질라', 'MP3플레이어2000', '미디어 플레이어' 등 인터넷에서 무료로 내려받아 사용하는 유명 소프트웨어에는 대부분 스파이웨어가 내장돼 있는 것으로 파악되고"[93] 있는데, 한국정보보호진흥원(KISA) 관계자는 스파이웨어 기술이 악의적으로 사용되면 사용자 이름과 IP(인터넷프로토콜) 주소, 인터넷 접속기록, ID와 비밀번호 등이 지정된 곳으로 몰래 발송되는 수도 있다고 설명한다.[94]

스파이웨어 기술에 의한 프라이버시 침해의 실례를 살펴보자:

…… 스파이웨어는 믿고 있는 회사로부터 받은 프로그램 속에 숨겨져 있는 것이다. 작년 11월 리얼플레이어로 유명한 리얼네트웍스는 사용자의 청취 습관, 좋아하는 음악 장르와, 개인정보를 리얼주크박스 프로그램을 설치한 사용자들로부터 수집하다가 걸린 사례가 있다. …… 여론의 많은 비평하에서 리얼네트웍스는 사생활 침범에 대해서 사죄하고 개인정보가 유출되는 것을 원치 않는 사용자에게 막을 수 있는 권리를 주는 패치를 제공했다.[95]

마지막으로, 컴퓨터 관련 기술을 통한 고용인 감시(surveillance)가

92) 『YAHOO! KOREA 국어사전』.
93) PC지기(2004. 7. 9c).
94) 같은 글.
95) PC지기(2004. 7. 9d).

도덕적으로 정당화될 수 있는지 없는지에 대해서 살펴보자. 고용주는 작업장의 효율성과 이윤 증대를 이유로, 고용인에게 알리거나 또는 비밀리에, 컴퓨터 감시프로그램을 설치, 운영하여,[96] 고용인이 컴퓨터 키치기(keystroke)를 얼마나 하는지를 모니터하고, 누가 인터넷에서 무슨 일을 하는가를 모니터하는 인터넷 이용 검사, 하드디스크 내용 검사[97] 등을 행하고 있다. 실례를 살펴보자:

> 민노총은 …… 원격강의용 장비로 개발된 소프트웨어 프로그램을 교사 및 학생 감시 수단으로 사용한 김포 …… 중・고 이사장 및 학교장 등을 부천지방검찰청에 고발했다. 이들 학교가 내부 보안 시스템으로 교사들을 감시한 만큼 개인정보보호 등을 위한 법을 위반했다. …… 이들 학교에서는 이사장의 지시에 따라 …… '넷 오피스쿨'이란 프로그램을 교사용 컴퓨터에 설치하고, 교사들의 인터넷 이용과 전자우편 내용을 불법적으로 감청하여 채록하는 한편, 이를 근거로 일부 교사들에게 파면 등 중징계까지 내렸다.[98]

앞의 예에서 알 수 있듯이, 컴퓨터 감시프로그램을 통한 고용인 감시는 프라이버시 침해를 야기한다. 그렇다면 앞에서 살펴보았듯이, 공리주의 관점에서 도덕적으로 정당화될 수 없다. 물론, 웩커트와 에드니가 지적하듯이,[99] 개인들(고용인)의 권리와 전체로서의 단체

---

96) PC지기(2004. 7. 10a)에 따르면 "노동감시 근절을 위한 연대모임……이 …… 공개한 '보안관리시스템 관련 2003년 실태조사' 보고서에 따르면 민주노총 산하 전국 사업장 89.9%[가] 직원들을 감시하기 위한 내부 보안관리시스템을 설치한 것으로 나타났다."

97) PC지기(2004. 7. 10a)에 따르면, "직원 PC의 하드디스크 내용에 대해 검사하는 기업 중 20.9%는 직원 의지와 무관하게 회사가 지정하는 내용을 마음대로 볼 수 있도록 돼 있다."

98) PC지기(2004. 7. 10a); PC지기(2004. 7. 10b)에 따르면, 해당 학교장, 행정실장에게 유죄 판결이 내려졌다.

99) Weckert and Adeney, 86. Weckert와 Adeney는, 같은 책(85쪽) 에서, 고용인의 전자우편이 고용주 소유의 시스템에서 작동하기 때문에 고용주가 고용인의 어떤 메일도 다 읽을 권리를 가진다는 주장은, 내 집안에 있는 어떤 사람들의 사적인 대화까지도 그들이 내 집안에 있기 때문에 내가 들을 권리를 자동으로 갖는다는 것이 난센스인 것처럼, 정당화될 수 없다고 주장한다;

(고용주)의 권리 사이의 균형이 필요하다는 것은 사실이다. 하지만 만일 국가 안보나 심각한 범죄와 관련이 되는 경우라면 몰라도, 고용주가 단지 단체의 이익 증대를 근거로 고용인 프라이버시권 침해를 정당화할 수는 없다고 생각된다.[100)]

한편, 컴퓨터 관련 기술을 통한 고용인 감시는, 칸트의 의무론적 윤리이론의 관점에서도, 정당화될 수 없다. 왜냐하면 고용인 감시 행위는 고용주의 욕구와 기대 아래, 고용인이 자율적 주체(subject)가 아니라 대상(object)으로 대접받고 있으며, 이 사실은 인간성이 목적(ends)으로 대접받아야지 다른 인간의 의지 아래 조작되는 오직 수단(means)으로만 대접받아서는 안 된다는 도덕 법칙을 어기고 있기 때문이다.[101)]

4. 나오는 말

본 논문의 마지막 장을 시작하고 있는 오늘(2005년 7월 11일), 한국경제신문에 실린 기사들-[인터넷 게시판은 무법천지] 폭력난무에

Gannon-Leary(1999) 184쪽에 소개된 The Acceptable Policy *AUP and Privacy*에 따르면, 운영자도 컴퓨터 시스템 운영과 관련된 목적이 아닌 경우로 전자우편을 모니터하는 것은 정당하지 않다; 전자우편과 관련된 더 자세한 도덕적 논의는 Gannon-Leary (165-190쪽) 참조.

100) 한편, 어떤 개인의 프라이버시권 침해와 타인들의 알 권리 사이에는 종종 충돌이 일어나고 있다. 하지만 프라이버시가 개인적 국면-일반적으로 타인의 중요한 이해관계에 영향을 미치지 않는 국면-과 관련되는 것이라면, 특히 비상시가 아닌 경우에는, 프라이버시권에 대한 존중이 더욱 중요하다고 생각된다.

101) 이러한 주장은 Kant가 그의 책 *Groundwork of the Metaphysics of Morals*(1785)에서 제시하고 있는 윤리학의 기본 원리들에 근거하고 있다. Westin은, 그의 책 *Privacy and Freedom* 33쪽에서, Kant의 윤리이론에 입각하여, 프라이버시가 타인에 의해서 전적으로 조작되거나 지배당하는 대상이 되는 것을 피하고자 하는 욕구라는 의미로서의 '개인의 자율'(personal autonomy)이라는 자유민주주의사회의 중요한 인간의 목적을 증진시키기 때문에 값지다고 주장한다; 프라이버시가 개인의 자율 또는 자아구성 (self-constitution)의 필요조건이라는 것과, 푸코의 흥미로운 주장-자유로운 행위자(free agent), 즉 자율적이고 자주적인 주체(subject)는 포기되어야 하고 프라이버시는 불가능하다는 주장-을 반박하는 것에 대한 자세한 논의는 Introna(1997, 268-270쪽) 참조.

여론조작, 저작권 침해 기승; '네티즌 실명제' 중장기 검토; 포털 법적 책임 묻기 사실상 어려워-을 보면, 우리 사회에서 컴퓨터 사용과 관련된 프라이버시 침해 문제 등이 화두가 되고 있다는 것을 확인할 수 있다. 경찰청 사이버테러대응센터가 금년 2분기 사이버 폭력을 유형별로 분류한 것에 따르면 개인정보 침해가 26.8%로 가장 많았다고 조사되고 있다. 그리고 올해 '개똥녀 사건', '연예인 X파일 사건', '7악마 사건' 등을 접하면서 인터넷의 근간을 '자유방임'이라고 주장했던 네티즌들까지도 프라이버시 침해 문제에 대한 우려를 표명하기 시작했다.

컴퓨터 관련 첨단 정보기술의 사용에서 파생하는 프라이버시 침해 문제 등에 대한 보다 넓고 깊은 철학적, 윤리적 검토에 바탕을 둔 구체적이고 심도 있는 정보통신윤리 교육, 관련 정책 및 법률적 장치 마련 등을 통하여 우리나라가 명실상부한 정보화 선진 국가 중의 하나가 되기를 기원해 본다.

두 번째 예시로 본인의 글 「해킹에 대한 윤리적 검토」[102]를 소개한다.

102) 본 글은 『범한철학』 46집(2007 가을), 245-262쪽에 실려 있음.

<예시 2> 해킹에 대한 윤리적 검토

1. 들어가는 말

20세기 마지막 무렵, 과거 천년을 보내고 새로운 천년을 맞이하면서 서양인들은 과거 천년의 역사 속에 가장 위대한, 인류에게 큰 영향을 준 인물이 누구일까라는 질문을 던졌다. 답은 칭기즈칸이었다. 이러한 결론이 나오게 된 이유 중의 하나는 동서양을 걸쳐 가장 넓은 영토를 그가 통치하였고 칭기즈칸이 죽은 뒤에도 인류 역사상 가장 오랫동안 그의 후손들에 의해서 그 영토가 통치되었다는 사실이었다.

이러한 넓은 영토 확장 그리고 긴 시간 동안의 그것에 대한 통치가 가능했던 이유 중의 하나는 그들이 능숙한 기마술을 통하여 그 넓은 영토의 여러 중심지 간의 빠르고 효율적인 정보 전달 시스템을 갖추고 있었다는 점이다. 한편, 20세기 말엽은 온라인상에서 인터넷과 같은 컴퓨터 사용 첨단 정보기술의 활용으로 빠르고 효율적인 정보 네트워크가 지구촌에 건설된 시점이다. 오프라인과 온라인이라는 차이점을 빼고는 과거 칭기즈칸의 경우와 현 지구촌의 정보 네트워크 성격이 아주 유사하고, 그것들의 공통적 특징은 과거 칭기즈칸 시대뿐만이 아니라 현재 우리의 삶에도 커다란 이익을 안겨 주고 있다는 것은 뚜렷한 사실이다. 이 점이, 필자 생각에, 새 천년을 맞는 현 사회를 '정보화 사회'라고 일컫는 우리들에게 칭기즈칸이 그렇게 높은 평가를 받는 이유일 것이다.

한편, 20세기 마지막 해 2000년을 앞두고 세계적 관심사였던 Y2K

문제가 다행이도 전문가들의 뚜렷한 문제인식과 충분한 대처로 예상했던 그러한 큰 피해 없이 풀려졌었다. 이러한 분위기 속에서 21세기에 들어서서도 세계 각국은 컴퓨터 관련 첨단 정보기술을 통한 선진 정보화 국가 건설에 막대한 노력을 기울이고 있다. 그리고 우리나라는 아주 높은 인터넷 보급 등을 기반으로 정보화 사회 구축에 세계 여러 나라로부터 큰 주목을 받을 만큼 앞서 가고 있다는 것도 이제 평범한 사실이 되었다.

그렇지만 컴퓨터 관련 첨단 정보기술의 오용과 남용으로 타인 또는 공적, 사적 기관 등 서로 간에 도덕적, 법적 피해를 주고 있는 경우들이 언론매체 등을 통하여 접하게 되는 것도 이제 아주 흔한 일이다. 정보화를 기반으로 선진 강국을 지향하고, 그것에 어울리는 정보 문화적 수준을 갖추기 위해서는 그러한 경우들에 대한 깊은 분석과 문제 해결 방안 모색이 요구된다. 특히, 정보화 사회 지향과 구현에 있어 아주 앞서 가고 있는 우리나라의 경우에 그러한 분석과 모색의 필요성은 더욱 절실하다고 필자는 생각한다.

컴퓨터 관련 첨단 정보기술의 오용과 남용으로 발생하는 주요 문제들 중에 필자는 본 논문에서 해킹 문제와 관련된 것들을 분석 검토할 것이다.

우선 먼저 2장에서 "해킹"의 의미를 명료화할 것이다. "해킹"의 여러 의미를 살펴보고, 본 논문에서 다룰 주제와 가장 관련을 맺을 수 있고 일상적 용법과도 조화를 이루는 경우를 선택할 것이다.

둘째로, 3장에서 해킹의 사례들을 분석하고, 그 경우들에 대한 도덕적 정당화가 가능하다고 보는 경우와 그렇지 않다고 보는 경우에 대해서 비판적으로 검토할 것이다.

2. "해킹"의 의미

신문이나 방송을 통하여 "해킹"이라는 용어는 이제 우리에게 익숙한 것이 되었다. 해킹 사고가 이렇게 빈번한 이유 중의 하나는 컴퓨터 관련 지식을 어느 정도 가진 사람이라면 누구든, 일반적으로 "모뎀, 개인용 컴퓨터, 몇몇 통신 소프트웨어"[103] 만 가지고서도, 손쉽게 해커가 될 수 있다는 점이다. 이 사실은 정보통신부가 국회 과학기술정보통신위원회에 제출한 2003년 해커의 수 통계를 볼 때, 연령별로는 10대가 66%로,[104] 직업별로는 학생이 63.3%로[105] 가장 많다는 것으로부터도 확인할 수 있다.

한편 개인, 기업, 공기관 컴퓨터 시스템들이 해킹에 많이 노출되어 있다는 것도 사실이다. 예를 들면, 우리나라 보안 전문가들의 분석에 따를 때, 사설 무선랜 서비스에 이용되고 있는 액세스포인트(AP) 가운데 60-70%가량이 해킹에 노출[106]돼 있으며, 국내 무선랜 환경은 "해커들의 놀이터"[107]라고 표현할 수 있을 만큼 보안에 무방비 상태이고, 해커들은 주로 무선랜 AP 해킹을 통해 침입한 시스템을 1차 경유지로 하고 이 시스템에서 다른 기업이나 공기관의 시스템을 공격하고 있다는 것이다.

과거에는 비밀번호 해독을 통하여 컴퓨터 시스템에 허가 없이 악의적으로 침입하는 "크래킹" 행위[108]가 도덕적 또는 법적으로 부정

103) Forester & Morrison(1994), 79쪽.
104) PC지기(2004. 7. 9a).
105) 같은 곳.
106) PC지기(2004. 7. 10).
107) 같은 곳.
108) 추병완 & 류지환(2000), 162-164쪽 참조.

적 이미지를 가진 반면, 악의 없이 한 시스템에 허가 없이 침투하는 '해킹' 행위는-때로는 한 시스템의 허가를 얻은 뒤에 뛰어난 재능을 발휘하여 그 컴퓨터 시스템에 들어가는[109]- 애교스럽거나 부정적이지 않은 이미지를 가졌었지만, 오늘날에는 "해킹"이라는 용어가 크래킹 그리고 허가를 얻거나 얻지 않고 한 시스템에 들어가는 해킹 모두를 지시하는 것으로 사용되고 있다.

"해커"라는 용어는 적어도, 가이 스틸러 등에 의하면, 다음과 같이 7가지 정의를 가지고 있다.

1. 오직 필요한 최소한의 것만 배우기를 좋아하는 대부분의 컴퓨터 사용자에 반해서, 컴퓨터 시스템의 세부적인 것들을 배우고 그들의 능력을 어떻게 확장할 것인가에 열성적인 사람.
2. 열정적으로 프로그래밍을 하는 사람 또는 프로그래밍에 대한 단지 이론화 작업보다도 오히려 프로그래밍에 열성적인 사람.
3. '프로그래밍 기법의 가치'*(hack value)*를 이해할 수 있는 사람.
4. 신속히 프로그래밍 하는 것에 탁월한 사람.
5. 특수한 프로그램에 대한 전문가 또는 빈번히 그 프로그램을 사용하거나 그 프로그램에서 작업하는 사람.
6. 어떤 종류에든 전문가인 사람.
7. 꼬치꼬치 캐어서 정보를 찾아내고자 노력하는 악의 있고 호기심 많은 간섭자. 예를 들어, '비밀번호 해커*(password hacker)*'는 사기적인 또는 불법적인 어떤 수단으로든 다른 사람의 비밀번호를 찾아내고자 노력하는 사람이다. '네트워크 해커*(network*

109) 같은 책, 164쪽 참조. Severson은 그 예로 MIT와 스탠포드 초창기 해커들을 소개한다.

hacker)'는 컴퓨터 네트워크에 대해서 많이 알고자 노력하는 사람(어쩌면 그 네트워크를 향상시키거나 그것에 피해를 입힐)이다.[110]

그렇지만 필자는 오늘날의 일상적 용법에 잘 조화를 이루고 본 논문의 목표, 즉 그것에 대한 윤리적 검토가 의의를 갖는 "해킹"이라는 용어의 의미는 "시스템 또는 네트워크 관리자나 소유자에 의해 허가되지 않은 컴퓨터 관련 모든 행위"라고 생각한다.[111] 왜냐하면, 시스템의 허가를 얻은 뒤에 뛰어난 재능을 발휘하여 그 컴퓨터 시스템에 들어가는 행위는 도덕적 또는 법적으로 명백히 정당하기 때문에 그것에 대한 윤리적 검토가 전혀 의미를 갖지 않기 때문이다.

3. 해킹의 정당화 논의

오늘날 악의가 있든 없든 상관없이, 해킹, 즉 시스템 또는 네트워크 관리자나 소유자에 의해 허가되지 않은 컴퓨터 관련 행위에 대한 사회적 이미지는 몹시 부정적이다. 하지만 일부 해커들은 자신의 행위에 도덕적 부당성을 인정하지 않으며, 심지어 그들은 '해커 윤리'(**Hacker Ethic**)라고 알려진 자신들의 윤리 규약[112]을 만들었다. 그 규약 전반에 스며들어 있고 그들이 가치 있다고 생각하는 5가지 원칙을 살펴보면 다음과 같다.

---

110) Guy Steele et al.(1993); 여기서는 Forester & Morrison(1994, 78)에 인용된 것을 재인용하였음.
111) Forester와 Morrison도 그들의 책 *Computer Ethics-Cautionary Tales and Ethical Dilemmas in Computing*, 78쪽에서 이 정의에 동의한다.
112) Langford(1995), 87쪽.

* 컴퓨터 프로그램 또는 데이터로의 접근(및 이용)은 반드시 어떤 제한이 없고 (개인적이 아니라) 전체적이어야 된다.
* 모든 정보는 무료이어야만 한다.
* 권위를 신용하지 말아라-분산을 증진시켜라.
* 해커는 학위, 나이, 인종 또는 직위와 같은 사이비 기준이 아니라 그들의 해킹에 의해서만 평가되어야 한다.
* 사람들은 컴퓨터에서 특별한 기술과 아름다움을 창조할 수 있다.[113)]

어떤 해커들은, 이른바 이 윤리 규약[114)]에 스며들어 있는 원칙들을 토대로, 그들의 행위를 정당화한다. 그들에 의하면, 정보는 모든 사람의 것이다. 따라서 그러한 정보로의 접근 및 이용에 어떤 제한이 있어서는 안 된다는 것이다. 그리고 이러한 생각에 동조하는 스톨먼[115)]의 주장에 따르면, 여기로부터 지적 소유권(**intellectual property**)과 같은 그러한 것은 있을 수 없고, 그러한 것에 대한 보호의 필요도 있을 수 없다는 것이 당연히 귀결된다[116)]는 것이다.

1) 프라이버시 침해

만일, 일부 해커들이 주장하듯이, 모든 정보가 접근 및 이용에 어떤 제한이 있어서는 안 된다면, 프라이버시[117)]-공개되지 않은 개인

113) 같은 곳.
114) 필자가 여기서 '이른바(so-called) 윤리 규약'이라는 용어들을 사용하는 이유는, 본 논문의 초고에 대한 의미 있는 지적에서 알 수 있듯이, '해커 윤리'가 사실상 사회 일반에서 바라보는 도덕적인 규칙을 일컫는다기보다는 일종의 내부 규율, 즉 구성원들이 따라야 할 행위 준칙(code of conduct)을 의미한다고 생각하기 때문이다.
115) *GNU EMacs Manual*, 239-248쪽에 있는 R. Stallman의 The GNU Manifesto 참조.
116) Spafford(1992), 80쪽.
117) "프라이버시"의 정의와 관련된 자세한 분석은 정광수(2005, 72-76)를 살펴볼 것.

정보가 타인에 의해 소유되지 않는 상태-와 같은 것은 가능하지도 않을 것이고 존재 가치도 없을 것이다. 하지만 완벽한 이상 사회가 아닌, 다시 말해서 도덕적으로 올바르지 않은 행위를 행하는 인간들이 존재하는 현실 사회에서는 프라이버시가 보호되어야 한다는 것은 명백한 것으로 여겨진다.

왜 '프라이버시 보호'가 '도덕적 선'인가에 대해서 필자는 다음과 같이 설명했었다.

> 프라이버시, 즉 공개되지 않은 개인정보가 타인에 의해 소유되지 않는 상태에 대한 존중은, 도덕적 가치에 관한 이론 중의 하나인 특성-공리주의(trait-utilitarianism)-, *만일 그리고 오직 그 특성을 행동화한 것이 최소한 어떤 다른 특성보다도 최대의 보편적 선을 결과할 때에만 이것을 개발해야 한다[는] 주장*-관점에서-, 도덕적 선으로 받아들여진다. 그리고 '최대의 보편적 선'에서 '선'은 '*무도덕적 가치로서의 선*'을 가리킨다. …… 프라이버시는 어떤 목적을 위해 유용한 수단이기 때문에 선한 무도덕적 가치의 한 종류인 '도구적 선'(an instrumental good)이다. …… *개인적 성장, 창조성이 존중되는 사회에서 프라이버시는 중요하다. 프라이버시는 우리에게 과거의 자아로부터 새로운 자아, 즉 삐뚤어진 자아로부터 회복된 자아로의 중간 단계의 변천 과정을 공공에게 드러냄 없이 신뢰할 만한 친구로부터 도움을 받을 기회를 제공한다. …… 프라이버시는 위대한 사상가들이 정통이 아닌 생각들을 공공의 비웃음을 사지 않고, 시험하고, 버리고, 세련되게 만들 기회를 제공한다. ……자유와 개성, '독립적 사고, 다양한 견해들, 불일치, 경쟁'* 등을 중요시하는 민주주의사회에서는 프라이버시가 도구적 선으로 받아들여지고 있다. 러시아, 중국은 물론이고 북한과 같은 공산주의국가에서도- '북한 IT 현황과 특징'에 대한 연구자(송경준)에 따르면- 경쟁 체제를 도입하면서, 점차 프라이버시 존중에 대한 인식이 싹트고 있다…….[118]

---

118) 정광수(2005), 77-79쪽. 박봉배(1982), 98쪽; '도덕적 가치로서의 선'과 '무도덕적 가치로서의 선'에 대한 구분과 후자의 종류에 대한 자세한 설명은 박봉배(1982) 126-127쪽 살펴볼 것.

그렇다면 도덕적으로 정당하지 않은 프라이버시 침해를 수반하고 있는 해킹 역시 도덕적으로 정당화될 수 없다고 필자는 생각한다.

필자의 주장을 보다 더 명확하게 만들기 위하여 다음과 같은 해킹의 구체적 실례를 우선 살펴보자.

> 인터넷뱅킹 첫 해킹 사용자 보안관리 절실 [머니투데이 2005. 6. 3] 인터넷뱅킹 시스템을 해킹해 피해자의 계좌에서 거액을 인출한 초유의 사태가 발생, 인터넷뱅킹 이용자들이 극도로 불안해하고 있다. 다중의 보안체계를 갖춘 인터넷뱅킹을 해킹한 것은 국내 처음이다. 이번 인터넷뱅킹 해킹 사고는 충격적이다. 사용자 PC 환경을 비롯한 전반적인 금융 보안 프로세스보다는 시스템 내에서 다중 보안체계에만 신경을 써 왔던 금융권의 허점을 노렸다. 한국정보보호진흥원 성재모 해킹바이러스팀장은 특히 금전적 피해가 우려되는 인터넷뱅킹 시 키보드 유출방지프로그램을 반드시 실행해야 한다며 …….119)

위의 예에서 알 수 있듯이 해킹 행위는 피해킹자들에게 경제적 피해를 입히는 것뿐만이 아니라, 그들의 공개되지 않은 개인정보를 동의 없이 수집, 오용하고 있다는 점에서 명백히 프라이버시를 침해하

Williams(1997), 15-16쪽; 상대적으로, '개인의 자유와 자율'을 중요시하는 자유주의(개인주의)에서 프라이버시가 선이라는 것은 비교적 명백하게 보인다. 그렇지만 상대적으로 '공동체의 필요'를 중요시하는 공동체주의(집산주의)에서는 그렇지 않게 보인다; 하지만 Schoeman(1992, 155-159쪽)은 '삶의 여러 국면들'(spheres of life) 중 개인적 국면들뿐만 아니라 공공의 국면들의 보전을 위해서도 프라이버시가 도구적 선이라고 주장한다; 그리고 Introna(1997, 155-159쪽)도 공동체의 필요조건인 사회적 관계들과 역할이 유지되기 위해서는, 특히 악한 사람들이 공존하는 현실 사회에서는, 프라이버시가 도구적 선이라고 주장한다; 공동체주의에서도 프라이버시가 중요한 것에 대한 자세한 설명은 Parent(1983)[Johnson and Snapper(1985), 201-215쪽에 재수록]의 Privacy, Morality, and the Law의 II절(the Value of Privacy)과 Nissenbaum 의 III장(Should We Protect Privacy in Public?)과 IV장(Privacy and Contextual Integrity)을 살펴볼 것. Westin(1985), 187쪽; Westin(186-192쪽)은 민주주의국가에서 프라이버시가 도구적 선이라는 것을 '개인의 자율, 정서적 안정, 자기 평가, 제한되고 보호받는 커뮤니케이션'과 관련지어 설명한다. Rachels(1975); 여기서는 Johnson and Snapper(194-195쪽)에 재수록된 것을 인용하였음. 송경준(2005).

119) PC지기(2005. 6. 15).

고 있다. 그래서 필자는, 프라이버시 침해가 앞에서 살펴본 것처럼, 공리주의 관점에서 도덕적으로 정당화될 수 없는 한, 그것을 수반하는 해킹 행위가 당연히 도덕적으로 부당하다고 생각한다.

특히, 오늘날 이러한 해킹 행위가 빈번해질 수 있는 이유를 다음의 글에서 쉽게 짐작할 수 있다.

> …… 90년대 중반까지만 해도 해커들의 공격목표는 네트워크에 연결된 몇 안 되는 대형 컴퓨터였다. 그러나 초고속 인터넷이 대중화되면서 개인이나 민간기업 서버뿐만 아니라 개인용 PC도 해킹의 대상이 된 것, …… 수법 …… 개인정보 유출 등으로 다양화하고 있다. 인터넷이 연결된 자신의 PC에서 언제 누가 나를 사칭하며 자료를 빼갈지 모르는 세상이 되고 있는 것이다.[120]

한편, 웩커트와 에드니에 따르면, 해킹 행위를 통하여 개인정보를 동의 없이 수집만 한 경우, 다시 말해서 경제적 피해를 입히지 않은 경우도 피수집자, 즉 피해킹자에게 피해를 줄 잠재성이 크기 때문에 도덕적으로 그르다[121]고 주장한다. 그렇지만 필자는 이 경우의 해킹 행위도 프라이버시 침해를 수반하기 때문에 역시 도덕적으로 올바르지 않다고 생각한다.

2) 지적 소유권 문제

스톨먼의 주장처럼, 정보에 대해서 누구의 지적 소유권 그리고 그것에 대한 필요도 있을 수 없다면, 누구든 그 정보, 예를 들어 은행 잔고, 보험 기록, 피고용인 기록, 의료 기록, 국가 또는 회사 기밀,

---

120) PC지기(2004. 7. 9b).
121) Weckert and Adeney(1997), 84쪽.

군사 비밀 등등을 바꿀 수 있을 것이다. 더군다나 컴퓨터에 저장되어 있는 그러한 데이터를 바꿔치기해 놓은 것은 쉽게 찾아낼 수도 없다[122]는 점이 명백하다. 그렇다면 우리는 어떻게 그러한 정보를 신뢰할 수 있고 그 정보를 바탕으로 올바른 판단을 내릴 수 있을까?

실제로 의료 기록에 대해서 일어난 경우들을 살펴보면,

> 유럽 암 연구소, 룩셈부르크. 시스템이 해킹당했고, 제거되어 버렸다. 결과: 6일 동안 10세 소년의 수술을 할 수 없었다. …… 튜린대학교, 에이즈 연구 결과들이 바꾸어졌다. 이제 신뢰할 수 없는 영국에서 행해졌던 팝 스미어 테스트. 여러 여자들이 테스트 결과가 양성이라고 통보받았다. 사실은 그 결과들이 잘못이었다- 어떤 해커가 침입했었고 그것들을 바꾸어 놓았다.[123]

튜린대학교 에이즈 연구팀은 해킹으로 인하여 바꾸어진 신뢰할 수 없는 정보를 기반으로 정당한 연구 결과를 내놓을 수 없을 것이다. 바뀐 잘못된 테스트 결과를 통보받은 여자들의 심리적 피해 그리고 그 결과를 통보한 테스트 기관의 신뢰성 하락 등은 쉽게 짐작할 수 있다.

결과적으로, 지적 소유권은 우리 사회에 필요한 것임이 분명하고 지적 소유권의 존재와 필요성에 대한 가치 부정을 함의하는 해킹 행위는 정당화될 수 없다고 필자는 생각한다.

한편, 컴퓨터를 물질적 소유물로 보지 않는 견해[124]에 동조하는 사람들은 어떤 제약이 없는 전체적 컴퓨터 작업 공동체가 존재하고,

---

122) Weckert and Adeney, 84쪽 참조.

123) Bass(1995); 여기서는 Weckert and Adeney(83쪽)에 인용되어 있는 것을 재인용하였음.

124) 컴퓨터를 물질적 소유물로 보는 견해와 그렇지 않은 견해가 해킹에 관하여 어떻게 서로 다른 접근을 하고 있는가에 대한 세부적 내용은 Langford(89쪽)를 살펴볼 것; 필자는 첫 번째 견해를 받아들인다.

그곳에서는 각각의 컴퓨터 장비에 대한 물리적 소유란 사용자들의 이득에 비하면 이차적인 것에 지나지 않는다[125]고 주장한다. 특히, 인터넷의 경우처럼, 전자적 세계로의 탐색은 '나의 것' 또는 '너의 것'과 같은 소유에 대한 고려보다도 한층 더 높은 격위 또는 가치를 갖는 것[126]이라고 주장한다. 그리고 이 견해는 컴퓨터에 저장된 모든 정보는 무료이어야 한다는 내용을 함의하고 있다.

이 함의를 바탕으로 여러 홈페이지를 해킹하여 저장된 정보들을 허가 없이 무료로 사용하면서, 정작 해커 본인은 다음과 같이 부당 이득을 챙겼다.

> 부산지방경찰청 사이버수사대는 인터넷 학습회사의 동영상 강의 자료를 해킹해 판매한 혐의로 황 모 씨에 대해 구속영장을 신청했다. 황 씨는 전기, 산업, 소방기사 자격증 시험과 관련한 인터넷 동영상 강의 자료를 제작해 판매하는 D학원과 E커뮤니케이션 등 3개 회사의 홈페이지를 해킹, 70기가바이트 상당의 자료를 빼낸 혐의를 받고 있다. 해킹한 자료를 인터넷 자격증 동호회원 40명에게 판매해 모두 240만 원의 부당이익을 챙겼다는 것이다.[127]

그렇지만 스펩포드가 주장하듯이, 정보가 보편적으로 무료인 것은 아니다.[128] 정보는 때때로 막대한 비용을 들여 모아지거나 개발되기 때문에 재산으로 여겨진다. 새로운 프로그램 개발이나 특수한 데이터베이스 구축 등은 종종 막대한 시간과 노력을 투자한 대가로 얻어지는 것이다. 이러한 배경 속에서 모든 정보가 무료이어야만 한

125) Langford, 89.
126) 같은 곳.
127) 인터넷한겨레(2003. 5. 23).
128) Spafford, 80.

다는 주장은 현실적이지 않다는 것이 명백하다. 결론적으로 필자 생각에, 정보에 대한 지적 소유권 훼손을 수반하는 해킹 행위는 정당화될 수 없다.

3) 보안 문제 해결?

해커들은 그들의 침투 행위가 컴퓨터 공동체에 침투당한 시스템 또는 네트워크의 보안상 문제점을 드러내 주고, (그렇지 않으면 그 문제점에 주목을 하지 않을 것이기 때문에) 그리고 더 나아가 해당 시스템 또는 네트워크의 보안 문제 해결에 일조를 할 것이기 때문에, 칭찬받아 마땅하다고 주장한다.

실제로 다음과 같은 경우가 발생했었다.

> 1984년 스티븐 골드와 로버트 쉬프린에 의한 브리티시 텔레콤 전자메일 시스템 침투, 그들은 에딘버러 공작 계정에 무례한 메시지를 남겼다. 이 작은 사건은 굉장한 관심을 끌었고 바로 프레스텔 시스템 전반에 대하여 향상된 보안 체계를 구축게 했다. 그래서 골드와 쉬프린은 자신들이 범죄자로 취급받는 것에 대하여 몹시 분개했었다. 골드와 쉬프린은 유죄 판결과 2,350 파운드의 벌금을 받았지만, 항소심은 그 판결을 파기했다. 그 해커들이 누구에게 손해를 입히거나 사기를 치지 않았었기 때문에, 그들이 유죄에 해당하는 위반을 범하지 않았을 것 같다는 것이다.[129)]

그렇지만 필자는 이 해커들의 주장이 정당화될 수 없음을 스펩포드가 유추 논증을 통하여[130)] 잘 보여 주고 있다고 생각한다. 스펩포드에 의하면, 우리는 이웃 쇼핑센터에 있는 한 가게의 화재 위험에

---

129) Forester & Morrison, 84.
130) Spafford, 81쪽 참조.

주위를 환기시키기 위하여 그 쇼핑센터에 불을 지르지 않는다. 그리고 소방대원들이 달리는 결코 그 위험 보고를 접할 수 없다고 주장하면서 그 방화 행위가 칭찬받아 마땅하다고 주장하지 않는다. 마찬가지로, 해커들이 어떤 시스템 또는 네트워크의 일부가 갖는 보안상 문제점을 드러내 주기 위하여 (그리고 관련 보안 담당자가 달리는 그 문제점에 대한 보고를 접할 수 없을 것 같다고 주장하면서) 그 시스템 또는 네트워크에 허가 없이 침투하는 그들의 해킹 행위가 정당하다고 필자는 생각하지 않는다.

4) 침입(trespass)의 잘못

앞 절의 골드와 쉬프린에 대한 항소심 결정이 보여 주듯이, 어떤 이는 해커들이 누구에게 손해를 입히지 않으면서 단지 시스템 또는 네트워크의 허점을 통하여 들어왔다가 나갔을 뿐이므로 도덕적으로 비난받을 필요가 없다고 주장할 것이다. 하지만 아파트 문을 잠그지 않았다고 해서 낯선 사람이 집에 들어오고, (많은 경우에 그 낯선 사람이 우리 물건들을 보거나 만지고 또는 부수거나 훔치겠지만) 나가는 것이 도덕적으로 아무런 비난을 받을 필요가 없다고 우리는 생각하지 않는다. 다시 말해서, 그 낯선 사람은 명백히 주택 침입(trespass)의 잘못을 범하고 있다.

여기서 침입(trespass)이란 어떤 영역이 다른 사람에게 속하거나 다른 사람에 의해서 적법하게 운영되고 있기 때문에 우리가 들어갈 권리를 갖지 못하는 영역에 들어가는 것[131]이다. 마찬가지로, 해킹 행

131) Weckert & Adeney, 83.

위도 시스템 또는 네트워크에 대한 침입이 명백하기 때문에 도덕적으로 정당화될 수 없다고 필자는 생각한다. 그리고 골드와 쉬프린에 대한 영국 항소심 법정의 결정과는 달리, 1990년 8월 영국은 '컴퓨터 오용 법령'을 공표하였고 승인되지 않은 컴퓨터 접근: 들어가는 것이 승인되지 않았다는 것을 알면서 컴퓨터 시스템에 들어가는 것(6개월 징역)을 새로운 범죄로 규정[132]하였다.

5) 민주사회 보호?

해커들은 자신들이 회사나 국가가 소유한 자료를 오용하는 경우를 찾아내기 위해서, 결과적으로 지나치게 중앙집권적 심지어 전체주의적 사회가 되는 것으로부터 우리 민주사회를 보호하기 위하여, 그것들의 시스템 또는 네트워크에 침투하고 있기 때문에 그들의 행위가 정의로운 것이라고 주장한다.

간혹 정부나 회사 등이 관련된 사람들에게 알리거나 동의도 없이 컴퓨터 저장 자료들을 오용하는 경우가 존재한다는 것은 의심의 여지가 없다. 그리고 일반적으로 그러한 경우가 프라이버시 침해를 함의하고 있기 때문에 정부나 회사 등의 그러한 행위가 도덕적으로 정당화될 수 없다는 것도 사실이다. 그렇다고 해서, 지금의 경우에 해커들이 그들의 행위가 충분히 정당하다고 주장할 수 있을까? 목적은 어떤 수단도 정당화하는가?

물론 예외적으로, 테러리스트들의 네트워크를 해킹하여 끔찍한 재난 등으로부터 사회를 보호하는 경우에는, 그 해커가 범죄자로 대

132) Forester & Morrison, 86쪽 참조.

접받기보다는 사회 보호자로서 비난보다는 당연히 찬사를 받을 것이다. 그렇지만 정보의 중앙집권적 요소와 분산적 요소가 잘 균형 잡혀져 있는 정의롭고 열린 민주사회[133]에서 우리가 일반적으로 접하는 해킹, 특히 지금 우리가 논의하고 있는 종류의 해킹은 정당화되기가 힘들다고 필자는 생각한다. 왜냐하면, 건강한 민주사회에서 정부나 회사의 개인 프라이버시 침해는 도덕적으로 정당화될 수 없음이 틀림없지만, 그것들의 잘못을 드러내기 위하여 해킹과 같은 어떤 방법도 다 정당화될 수 있다고 우리는 믿지 않는다. 왜냐하면 일반적으로, 그 잘못을 밝힐 수 있는 다른 정당한 수단들이 존재하기 때문이다.

6) 시스템 잉여 수용능력 사용?

어떤 시스템 해커들은 시스템이 그것의 수용능력 수준까지 사용하고 있지 않기 때문에 그 시스템에 침투하여 잉여 수용능력을 사용하고 있으므로 그들이 도덕적으로 비난받을 필요가 없다[134]고 주장한다. 심지어 그들이 그 시스템들을 경제적이고 효율적으로 사용하고 있다고까지 주장한다.

그렇지만 그들의 주장은 정당하지 않다고 필자는 생각한다. 왜냐하면 예를 들어, 어느 멋진 집의 공간이 여유가 있을 때 주인의 허가

---

133) Forester & Morrison은 그들의 책 *Computer Ethics-Cautional Tales and Ethical Dilemmas in Computing,* 85쪽에서 커뮤니케이션 이론가인 Harold Innes의 말을 인용하면서 정보의 완전한 중앙집권화는 개인의 권리들과 민주정부의 적절한 작동에 심각한 문제점들을 야기하고, 정보의 완전한 분산은 막대한 비효율성 그리고 심지어 정부가 제공하는 서비스에 대한 부정 또는 질의 하락으로 이끌릴 수 있다; 그리고 이 두 요소가 균형을 잡고 있는 한, 우리가 살고 있는 사회 그리고 우리가 뽑은 정부는 상당히 효율적이고 공정하다고 적고 있다.

134) Spafford, 83-84쪽 참조.

도 없이 낯선 사람이 들어가 그 여유 공간을 사용하면서, 본인의 행위가 비난받을 필요가 없다고 주장하는 것을 우리는 허용할 수 있을까? 마찬가지로, 이러한 시스템 해커들의 주장은 정당화될 수 없다. 잉여 수용능력은 해커를 위한 것이라기보다는 시스템의 미래사용[135]을 위한 것이다.

4. 나오는 말

초창기 해킹의 일부는 애교스럽기도 하고, 다른 일부는 찬사를 받을 가치가 있는 경우도 있었다. 그렇지만 오늘날 우리가 일반적으로 접하는 대부분의 경우는 그렇지 않다. 특히, 본 논문에서 "해킹"이 의미하는 바-시스템 또는 네트워크 관리자나 소유자에 의해 허가되지 않은 컴퓨터 관련 모든 행위-로의 해킹 행위는 도덕적으로 정당화될 수 없고, 나아가 위법성을 지니고 있다.

필자는 그 이유를 해킹 행위의 '프라이버시 침해 수반', '들어갈 권리를 갖지 못하는 타인의 영역 침입' 그리고 '지적 소유권 훼손' 등에서 찾았다. 아울러 해킹 행위의 정당성을 주장하는 다른 논거들을 비판적으로 검토하였다. 결론적으로, 필자의 견해로는, 해킹은 도덕적으로 정당화될 수 없다.

오프라인상에서 '타인의 영역 침입', '프라이버시 침해', '지적 소유권 훼손'이 도덕적으로 부당하고 위법성을 지닌다는 것은 우리에게 보편적으로 받아들여지고 있다. 해킹 행위가 비록 온라인상에서 이루어지는 행위일지라도 앞의 세 가지 문제점을 지니고 있다면, 그

135) 같은 논문, 84쪽 참조.

리고 오프라인과 온라인상의 행위 각각에 다른 윤리적 기준이 적용되어야 할 뚜렷한 이유가 존재하지 않는 한, 우리는 해킹 행위의 도덕적 부당성과 위법성을 받아들여야 한다고 필자는 생각한다.

다. 로봇기술의 성장과 윤리

로봇, 인공지능의 성장, 인조인간의 예견

차페크의 희곡에 인간을 흉내 내는 기계로 등장하는 로봇은 산업용 로봇으로 공장에서 각광을 받았었고, 한때 로봇 춤은 우리에게 코믹한 장르로 다가왔었다.

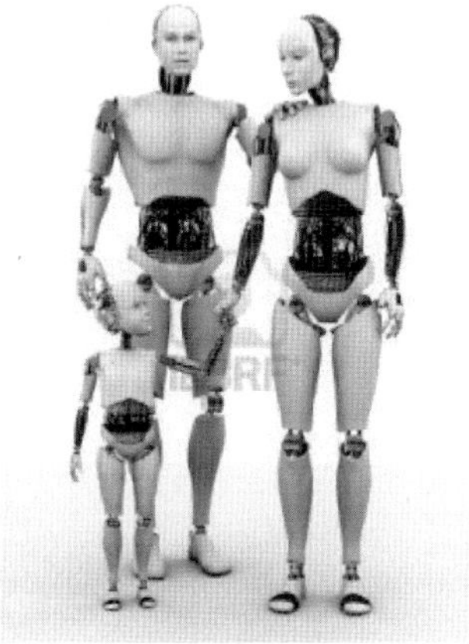

<로봇>[136]

계산 장치 컴퓨터의 정보처리능력 등의 다양한 기능 진보는 '인공

136) www.poweroftruth.net

지능'(Artificial Intelligence) 연구를 촉발시켰고, 실험 심리학 등에 힘입은 뇌공학의 발전과 더불어 인지 능력을 갖는 인공적 지능 연구는 높은 수준에 다다르게 되었다. 한편 인간, 신, 동물 등에 대한 엄격한 구분을 두는 존재론적 태도를 갖는 서양 문화와는 달리 그것들 사이의 오고감을 인정하는 존재론적 태도를 갖는 동양, 특히 일본 문화는 수준 높은 인지 능력을 갖는 인공지능을 지닌 인간을 내・외적으로 닮은 로봇 개발에 더욱 적극적인 태도를 보이고 있다.

최근에는 인간만이 갖고 기계는 지닐 수 없는 것이라고 믿었던, 스스로 학습할 수 있는 능력 그리고 더 나아가 감성, 감정, 창의성 등의 능력까지를 갖는 로봇 개발에 여러 나라가 박차를 가하고 있다. 이제 인조인간의 출현과 그들과의 공존이 머지않았다는 예견이 매스컴 등에서 쉽게 접하게 된다. 이 글을 쓰고 있는 지금도 구글사에서 개발한 알파고는 바둑 천재 이세돌과의 대전에서 첫 번째, 두 번째, 세 번째 대국에서 승리하고 있다.

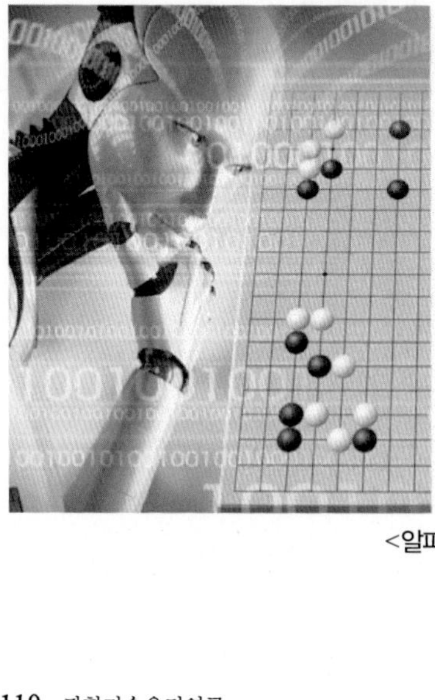

<알파고>[137]

한편, 이러한 현실은 우리에게 당혹감과 낯섦 그리고 걱정까지를 던져 주고 있다. 하지만 재난구조 로봇 등은 인간이 하기 어려운 일 등을 감당하면서 우리에게 도움을 주고 있다는 사실도 인식시켜 주고 있다. 적절한 대응은 자연인간과 로봇, 즉 인조인간이 서로 어떻게 공존할 수 있는가에 대해 깊이 생각하면서 미래 청사진을 그려야 될 것 같다.

다시 말해 로봇, 인공지능, 인조인간 등이 서로 공존하는 데 도움을 주는 것을 극대화하면서 서로에게 끼칠 수 있는 여러 국면, 즉 인간적, 문화적, 사회적 영향을 심도 있게 고려하면서 미래 발전 방향을 잡아 나아가야 될 것 같다. 과학기술이 결과할 수 있는 장점은 살리면서 불행을 결과할 수 있는 단점은 예측과 통제가 이루어져야 될 것이다; 이것은 과학기술자와 인문·사회학자의 소통과 협업으로 가능할 것이다. 이 절에서는 로봇, 인공지능 등의 괄목할 만한 성장으로 발생하거나 할 수 있는 여러 문제 중에 윤리적 문제에 관하여 분석하고자 한다.[138]

윤리적 문제와 접근

이 분석은 다음에 소개하는 예시들을 살펴볼 때 효율적일 것 같아 2개의 예시를 소개한다.[139]

---

137) biz.heraldcorp.com

138) 물론 이 윤리적 문제를 다루기 전 고려해야 할 철학적 문제, 예를 들어, '인간'이란 무엇인가, '인간'과 '기계'는 어떤 차이가 있는가, '사실'과 '당위'의 연관성에 대한 문제 등이 있고 최근에 인공지능로봇, 인조인간의 예견을 맞으면서 다시 활발히 이 문제들에 대한 토의가 진행되고 있다.

139) <예시 1>은 『범한철학』 75집(2004, 겨울)에 실려 있다; <예시 2>는 한국과학철학회 2016 동계학술발표회집에 실려 있다; 이 책의 예시로 글의 사용을 허가해 준 것에 감사드린다.

<예시 1> 로봇윤리의 기본 원칙: 로봇 존재론으로부터 / 고인석

1. 문제의 확인

우리는 셀 수 없이 많은 인공물(artefact)에 둘러싸여 산다. 인공물 가운데는 과일 깎는 칼처럼 인간의 손에 들려서 사용자의 의도에 따라 그것의 기능을 발휘하는 방식으로 존재의미를 실현하는 것도 있지만, 인간 주체와 특정한 방식으로 작용을 주고받거나 심지어 인간이 그것에 순응하는 방식으로 행동하게끔 유도하는 것도 있다. 후자의 경우, 혹은 후자에 해당한다고 여겨지는 경우들은 특히 인공물이 어떤 종류의 지능을 장착하고 있을 때 나타난다. 대표적인 경우가 우리가 '로봇'(robotic systems; robots)이라고 부르는 것들이다.

인간과 인공물의 관계의 역사는 인간의 역사만큼 오래되었지만, 이런 새로운 종류의 인공물, 즉 지능을 가진 인공물(intelligent artefacts)이 현실 세계에 출현한 것은 최근의 현상이다. 그리고 이 현상은 앞으로 아직 우리가 경험하지 못한 방식으로 점점 더 넓고 다채롭게 전개될 것이다. 이러한 상황은 인간과 인공물 간의 관계에 대한 새로운 성찰을 요구하고, 이 요구는 고유한 방식으로 철학적인 물음들을 촉발한다. 이 요구는 학문적 차원에 머물지 않는다. 그것은 오히려 더 긴급한 의미에서 사회적 요구이기도 하다. 우리는 과학기술의 성과가 개인의 삶과 사회의 속성들을 변화시키고 동시에 새로운 형이상학적, 인식론적, 윤리적, 사회적 물음들을 생성하는 경우들을 보아 왔다. 로봇공학이 이와 같은 도전을 제공하기 시작했다.

이 논문의 목표는 이와 같은 상황에서 철학적 합리성과 더불어 현실 적합성을 지닌 로봇윤리(robot ethics; roboethics)의 기본 원칙들을 제안하고 토론함으로써 가까운 미래에 우리 사회가 채택할 수 있는 로봇윤리 체계의 토대를 마련하는 데 기여하는 것이다. 여기서 철학적 합리성은 로봇윤리가 개념적, 논리적 차원에서 정합성을 지니는 동시에 우리가 인정하고 있는 철학적 생각들의 체계와 부합할 수 있어야 한다고 요구한다. 또 현실 적합성은 로봇윤리가 과학적-공학적 차원의 타당성과 더불어 로봇기술이 활용되는 사회의 여건에 대한 충실한 고려를 갖출 것을 요구한다.

로봇윤리란 무엇인가? 로봇윤리는 로봇공학의 실행과 광범위하게 연관된 윤리적 물음들을 다루는 분석과 평가와 토론의 체계를 의미한다. "로봇공학의 실행과 관련된 윤리적 물음"이라는 표현은 로봇윤리를 공학윤리(engineering ethics)의 한 특수한 영역으로 간주할 수도 있을 가능성을 암시하지만, 로봇윤리를 전형적인 의미의 공학윤리에 그 일부분으로 포함시키기는 어렵다. 로봇윤리는 공학윤리의 측면을 지니면서 공학윤리에 연결되어 있지만, 그와 동시에 공학윤리가 다루는 물음의 경계를 뚜렷이 넘어선 곳에까지 펼쳐져 있다. 예를 들자면, 로봇윤리의 문제의식은 로봇을 도덕 판단의 주체로 간주할 수 있는가, 또 나아가 로봇을 도덕적 함의를 지닌 행위의 주체로 간주할 수 있는가 같은 형이상학적인 물음을 포괄한다. 이 논문은 로봇윤리가 공학윤리와, 그리고 인간 사회의 규범을 다루는 윤리학의 영역과 어떻게 서로 연결되면서도 독자적인 영역을 가지는지를 보여 줄 것이다.

2. 로봇이라는 범주

로봇윤리의 기본 원칙을 확인하기 위한 이 논문의 접근은 로봇윤리가 다루는 대상, 즉 로봇이라는 존재자의 범주를 검토하는 데서 출발한다. 로봇은 인공물이면서도 여느 인공물과 달리, 혹은 여느 인공물과 다른 수준에서 인간의 능동적 정신을 모사(模寫)하는 특성을 지니고 있다. 모든 인공물이 인간 정신의 소산이라는 점에서 인간 정신의 투사 혹은 연장물이라는 속성을 지니지만, 그 투사나 연장은 일반적으로 인간 정신의 능동성 자체를 옮기거나 연장하는 성격의 것이 아니다. 다시 말해 대개의 인공물은 그것을 빚어 낸 인간 정신의 흔적을 담고 있을지언정 인간처럼 '행동'하지는 않는다. 오랫동안 정교한 인공물의 대표처럼 여겨져 온 시계를 보라. 반면에 이 논문의 범위에서 '로봇'이라는 개념에 상응하는 대상이나 체계들은 인간이 만들어 낸 사물이면서도 동시에 그 자체로 행동의 능동성을 지닌 존재라는 점에서 특이성을 지닌다.

공학은 점점 더 발달된 인공지능을 장착한 로봇을 생산하고 있다. 이렇게 개발된 지능형 로봇이 인간 사회와 개인의 생활에서 담당하는 비중은 점점 더 커질 것이고, 로봇은 점점 더 다양한 모습으로 효용을 드러내며 인간과의 접속 면을 확대해 갈 것이다. 가까운 예로, 우리가 타고 다니는 자동차는 "스스로" 추돌이나 충돌의 위험을 줄이고 나아가 탑승자가 원하는 목적지까지 "스스로" 최적의 경로를 찾아 이동해 가는 지능형 자동차 쪽으로 빠르게 발달하고 있다. 자동차 제조사들은 앞차나 옆의 차와의 간격이 일정 수준보다 작아질 경우 운전자에게 경고를 하고 진행 방향을 미세 조정하거나 자동으로 제동장치가 작동하는 지능형 자동차를 광고하기 시작했다. 이런 지능형 자동차는 '지각-계산(정보처리)-[운동을 포함하는]출력'이라는 로봇의 범주 특성을 전형적으로 구현한다.

물론 로봇의 범주는 근본적으로 모호하고, 그것의 정의적 특성(defining characteristics)은 확정하기 어렵다. 이런 사정의 간명한 이유는 로봇이 인간이 창조한 존재 범주인 동시에 앞으로 계속 만들어 갈 범주라는 데 있다. 단, 로봇의 범주에 해당하는 것들이 지니는 핵심 특성으로 다음 네 가지가 꼽힌다는 점은 확인해 둘 만하다.

① 인공물임.

② 외부 세계를 지각하는 능력을 지님.

③ (지각된) 자료를 처리하는 계산의 능력을 지님.[140)]

④ (전형적으로는 운동의 방식으로 나타나는[141)]) 출력.

필자는 다른 논문에서 지각, 계산, 그리고 계산 결과에 따르는 운동 출력의 기능을 장착한 지능형 로봇을 외화된 정신(externalized mind)이라는 존재론적 범주로 해석하는 것이 적절하다고 주장했다.[142)] 외화된 정신의 개념은 기존의 '연장된 정신'(extended mind) 개념을 응용, 보정한 것으로, 그 발생적 기원의 측면에서 연장된 정신의 속성을 지니지만 이미 그 연장의 근원으로 작용한 개별 정신-

140) 로봇이 일반적으로 '기계'라고 일컬어지는 다른 인공물과 다른 점은 위의 ④에 언급된 출력이 ②와 ③을 통해 로봇 자체의 체계 안에서 결정되고 조정된다는 데 있다.

141) 이 운동은 로봇 자체의 이동 같은 체계 외적 운동과 물리적으로 로봇시스템의 범위 안에서 이루어지는 체계 내적 운동을 포함한다. 이런 방식의 운동 출력이 없는 로봇의 경우도 있다. 특정한 자료를 수집하고 그것을 지정된 방식으로 갈무리하는 시스템 역시 로봇의 범주로 해석되지만, 이 경우 이른바 운동 출력은 빠져 있다.

142) 고인석(2012a).

혹은 개별 정신들의 연합-으로부터 **독립하여** 그 자체 어느 특정한 정신의 연장으로도 규정 불가능한 독립적인 특성을 가진 존재자를 가리킨다.[143]

한편 그럼에도 불구하고, 로봇을 그 자체로 우주에 새로이 탄생한 고유한 의미의 도덕 주체로 인정해야 할지는 여전히 따져져야 할 문제다. 우리는 현상의 범주와 규범의 범주가 원칙적으로 서로 불일치할 수 있다는 사실을 상기한다. 하나의 예를 들어 얘기해 보자. 변순용과 송선영은 "나아가 치료용 목적으로 개발된 분야들이 로봇과 인간 간의 경계를 무너뜨리는 경우가 빈번하게 발생하고 있다. 사이보그 및 교육용·심리치료용 로봇 개발 등은 인간과 로봇이 상호교감하거나 상호작용하고 있음을 보여 주는 사례들이라고 할 수 있다"[144]라고 말한다. 이것은 메타적 관점에서 말하자면, 눈에 보이는 기술 현상에 대한 서술로부터 서둘러 윤리적 함의를 도출하게 될 위험이 있음을 암시하는 사례다.

외형적으로 인간을 닮았을 뿐만 아니라 점점 더 인간 간호사나 간호도우미와 유사한 행동 능력을 지닌 간호로봇이나 돌봄이로봇(care robot)이 구현될 가까운 미래의 상황을 상상해 보자. 심지어 그런 로봇이 인간 간호사나 간호도우미가 몸의 피로나 주의력의 이완으로 인해 드물게 저지를 수 있는 사소한 실수도 저지르지 않으면서 24

---

143) 우리는 '외화된 정신'이 '정신의 외화'나 '정신의 구현물'과는 구별되는 높이를 지닌다는 점에 유의할 필요가 있다. 모든 인공물은 인간 정신의 외화라는 관점에서 해석할 수 있다. 예를 들어 사냥용 엽총은 인간의 특수한 의도와 계획과 지식이 얽혀서 만들어 낸 결과물이고, 그런 점에서 인간 정신의 외화로 해석할 수 있다. 그러나 엽총은 스스로 무엇을 겨냥하지도, 총탄의 격발을 명령하지도 않는다. 반면에 뒤에 좀 더 논의될 전투 로봇의 경우, 스스로 목표물을 찾아 총신을 겨냥하고 총을 쏘는 결정을 내린다. 그것은 그 자신 안에 그것을 설계하고 제작한 인간의 능동적 정신을 분유하고 있는 것이다.

144) 변순용·송선영(2013), 6쪽.

시간 환자를 돌볼 수 있는 경우를 볼 때 우리는 아마 "사람보다 낫군!"이라고 말하면서 이를 '로봇과 인간의 경계를 무너뜨리는 경우'로 평가할 수 있을 것이다. 그러나 단지 그렇다고 해서 문제의 그 돌봄이로봇이 환자에 대한 '(돌봄)책임의 주체'가 된다고 생각해서는 안 된다. 그것은 '그렇게 보이는 것'과 '진정 그러한 것'의 중요한 차이를 간과하는 일이고, 윤리의 문제에서 이런 간과는 위험을 초래할 수 있다. 그렇게 보이는 것들 중에는 진정 그러한 것도 있고 그렇게 보이면서도 진정으로는 그러하지 않은 것도 있기 때문이다. 로봇윤리의 정립을 위해서는 그것이 어떻게 보이는가 하는 차원을 넘어 그것이 진정으로 무엇인지에 관한 규정이 필요하다.[145] 로봇윤리의 정립을 위한 선결 문제로 로봇 존재론의 정립이 필요하다는 필자의 주장이 이와 같은 문제 상황에 닿아 있다.[146]

3. 로봇윤리의 두 차원

필자는 앞에서 로봇윤리를 "로봇공학의 실행과 광범위하게 연관된 윤리적 물음들을 다루는 분석, 평가, 토론의 체계"로 정의하였다. 그런데 이것은 로봇윤리의 실제를 포섭하는 정의인 반면, 너무 넓고 미분화된 규정이어서 좀 더 구체적인 논의를 위한 약간의 보완이 필요해 보인다. 우선 필자는 여기서 로봇윤리에 관한 논의가 두 가지 차원 혹은 두 영역의 논의로 나눠질 수 있음을 확인하려 한다. 그 두

145) Bringsjord(2008)과 Sullins(2006)에 나타난 토론을 참고하라. 저널 출간 일자는 전자가 나중이지만 후자는 전자를 언급하면서 토론의 대상으로 삼고 있다. 앞의 논문이 게재된 *AI & Society* 22/4(2008)는 '윤리와 인공 행위자'(Ethics and Artificial Agents) 특집호로 간행되었다. Torrance(2008) 참조.

146) 고인석(2012b) 참조.

영역은 "로봇공학의 실행과 연관된 윤리적 물음들"을 마주하게 되는 두 관점을 통해 정의된다. 그 하나는 로봇을 설계, 제작, 관리하는 공학자의 관점이고, 다른 하나는 로봇이 실현하는 행위의 도덕적 지위와 함의를 분석하는 윤리학자의 관점이다. 이 두 관점으로부터, 서로 연결되면서도 각각 독립적인 성격을 지니는 두 논의 영역이 산출된다. 전자는 후자가 제시하는 이론적 통찰을 참고해야 하고 또 후자의 비판적 관점에서 수정 가능한 성격을 지니지만, 그렇다고 후자의 논의가 종결되어야만 전자가 구성될 수 있는 것은 아니다.

1) 로봇을 설계, 제작, 관리[147]하는 자의 관점

간명하게 표현하자면 이 관점의 문제의식은 "로봇을 어떻게 만들어야 하는가?"이다. 여기서 '어떻게'는 작업의 경로에 대한 물음이 아니라 작업의 방향에 대한 물음, 즉 로봇에 어떤 규범을 부여할 것인가 하는 물음을 가리킨다. 이 논문이 제시할 로봇윤리의 원칙들은 일차적으로 이 관점과 연관된 것들이다. 널리 알려진 아시모프의 로봇 3법칙 역시 이와 같은 고민의 성과를 보여 주는 예로 볼 수 있다.[148] 로봇에 장착할 규범의 목록에 관한 고민은 그 '장착'의 방법, 즉 '그러한 규범을 공학적으로 어떻게 구현할 수 있는가' 하는 문제와 연결될 것이고, 분명 후자는 그 자체로 전자 못지않게 복잡한, 그

147) 로봇윤리에서 '관리(자)'의 관점에 관한 4절의 논의 참조.

148) 그것은 대개 '로봇 3법칙'으로 일컬어지고 그 서술 역시 "로봇은 …… 해야 한다"나 "로봇은 …… 해서는 안 된다" 식으로 되어 있어서 오해의 빌미를 제공하지만, "Three Laws of Robotics"라는 아시모프의 표현에는 그것이 로봇을 제어하는 규범이 아니라 로봇공학-혹은 로봇공학자들-을 제어하는 규범임이 드러나 있다. 아시모프의 로봇 3법칙과 로봇윤리의 관계에 관한 논의는 고인석(2011) 참조.

러면서도 전자와 다른 종류의 지적 도전을 함축한다.149) 그러나 분명히 짚어 두어야 할 사실은 전자가 후자에 우선하고, 전자에 대한 토론이 후자에 대한 토론을 이끌어야 한다는 것이다.

이 첫 번째 관점에서 로봇윤리의 목표는 **도덕적으로 건전한 로봇을 만드는 것**이다. 이것이 직관적으로 자명한 요구에 해당함에도 불구하고 "왜 도덕적으로 건전한 로봇이어야 하는가?"라는 삼재적 물음에 맞서 이런 목표 설정의 근거를 대자면, 도덕적으로 건전한 로봇만이 지속 가능성을 지니고 지속 가능성을 결여한 기술은 기술이 존재하는 이유와 상충하기 때문이다. 다음 물음은 "도덕적으로 건전한 로봇이란 어떤 것인가?"이다.

그것은 우선, 공학윤리의 기본 원칙들에 부합하는 로봇을 가리킨다. 특히 그것은, 여러 공학 전문가 공동체가 공학윤리 헌장이나 강령에서 강조하는 것처럼, 로봇의 제작과 활용이 공공의 안전과 건강에 위협이 되지 않고 공공의 복지를 진작하는 일과 부합해야 한다는 당위를 함축한다.150) 이 범위에서 로봇윤리는 공학윤리의 한 응용 영역으로 해석할 수 있다. 실제로 로봇과 관련하여 제기될 만한 윤리적 문제들 가운데 많은 것들이 기존 공학윤리의 응용 범위 안에 있다. 그러나 공학윤리가 로봇윤리의 모든 문제를 포섭하지는 못한다. 로봇공학이 지향하는 인공물의 속성들을 고려할 때 로봇윤리의 범

149) 이것은 고유한 의미의 학제적 연구, 혹은 융합연구의 사례이기도 하다. 예를 들어 로봇윤리가 근본적으로 원리-하향식(top-down) 구조와 사례-상향식(bottom-up) 구조 중 어느 편을 취하게 되는지, 혹은 두 방식을 어떻게 상보적으로 결합할 것인지의 문제는 철학적, 윤리학적 탐구와 공학적 탐구 중 어느 한쪽에 귀속된다고 보기 어렵다. Wallach & Allen(2010), 6-8장 참조.

150) IEEE(전기전자공학회)의 공학자 윤리헌장(Code of Ethics for Engineers) 제1조와 미국 전문공학자협회(National Society of Professional Engineers) 윤리헌장의 기본 강령(Fundamental Canons) 제1조 참조.

위는 기존 공학윤리의 적용 범위를 넘어서고, 그 지점에서 기존의 공학윤리와 연결되면서도 그 적용 범위를 넘어 펼쳐지는 로봇윤리 고유의 영역이 시작된다.

'도덕적으로 건전한 로봇의 제작'이라는 목표를 공학의 힘으로 인간이 지닌 수준의 지능을 구현하는 데까지 도달하려는 로봇공학의 목표와 결합시켜 본다면, 로봇공학이 접근해 가야 할 목표는 건전한 도덕 판단의 능력을 갖춘 인간의 그것에 상응하는 도덕 판단의 능력을 가진 인공 시스템을 만드는 것이 된다. 물론 '인간의 그것에 상응하는 판단 능력'이라는 기준은 구체성의 차원에서 볼 때 아주 불명료하다. 그럼에도 불구하고 이러한 목표는 상당한 합리성을 지니며, 이 합리성은 로봇 연구가 지향하는 로봇의 효용이라는 관점에서 해명된다.

지능을 가진 로봇은 다양한 상황에서 **인간의 행위를 대신하도록, 즉 인간을 대리하도록** 만들어지는 도구다.[151] 그렇다면, 즉 지능을 가진 로봇의 존재 의미가 특정 범위 안에서 인간의 행위를 대리하는 것이라면, 그런 로봇이 문제의 대리 행위에서 실현하는 입출력 관계는 현상적 차원에서 **그것이 대리하도록 의도된 인간의 행위와 제삼자의 관점에서 질적으로 동등한** 속성들을 지녀야 할 것이다. 예를 들어, 건물의 출입을 통제하는 방식을 건물 입구에 유능한 보안 인력을 배치하는 방식에서 로봇공학을 활용하는 검색과 통제로 바꾸려 하는 경우 새로 도입할 통제 체계가 허용하거나 차단하는 경우는

151) 이 논문의 초고가 마무리되던 때쯤 페이스북(Facebook)을 만든 마크 저커버그와 마이크로소프트(Microsoft)를 설립한 빌 게이츠는 각각 중국에서 행한 강연과 자기 블로그에 게재한 서평에서, 흥미롭게도 나란히, 지능을 가진 인공물이 가까운 미래에 우리의 삶에 중대한 영향을 미치게 되리라는 예견을 피력했다.

기존 방식의 그런 경우들과 일치되도록 해야 할 것이다.

이러한 관계는 로봇윤리가 인간 사회의 일반적인 규범윤리와 어떻게 연속되어 있는지를 암시한다. 로봇의 작동은 그것이 대리하는 인간 행위의 결과라는 측면에서 인간의 행위에 관한 규범윤리와 상충하지 않아야 한다. 달리 말하자면, 로봇에 입력될 규범의 내용은 인간 사회를 규율하는 규범의 집합과 상충 없이 부합하는 것이어야 한다. 예를 들어, 로봇에 입력될 규범이 그 실행을 통해 무고한 사람의 심각한 신체 손상을 초래하는 결과를 함축하고 있다면 그런 규범은 로봇윤리의 관점에서 허용 불가능하다.

한편, 우리는 이 첫 번째 관점의 로봇윤리가 포섭해야 할 규범의 목록이 현재의 규범윤리의 테두리 안에 제한되지 않으리라는 점을 확인해 둘 필요가 있다. 이와 같은 경계 벗어나기는 특히 그것은 다음과 같은 시각에서 예견된다. 로봇공학이 일정 수준의 지능을 가진 인공물의 구현에 도달하는 발달과 나란히, 인공지능 체계들을 연결하는 네트워크가 이 세계의 작동 방향을 일상의 미시적 차원으로부터 통상, 국방 같은 거시적 차원에서까지 좌우하는 요소로 대두하게 되는 변화가 진행될 것이다. '사물인터넷'(Internet of Things; IoT)은 이미 현실의 개념이고, 원칙적으로 인공지능의 발달 수준과도 무관하게 현실 세계의 면면에 영향을 미치는 비중 있는 세계 참여자로 성장해 가리라고 예상된다.[152] 더구나 이와 같은 물리적 네트워크에 지금보다 한 단계 도약한 높은 수준의 인공지능이 결합되는 경우,

152) 여기서 '참여자'는 일종의 비유적 표현이지만, 그것이 세계의 구성과 변화에서 점유할 실질적인 영향력의 몫을 고려하면 '참여자'가 오히려 격하된 비유일 가능성도 있다. 사물인터넷의 개념에 관해서는 Mukhopadhyay & Suryadevara(2014) 참조. "사물인터넷(IoT)이란 문자 그대로, 서로 이야기를 주고받는 물리적 대상들에 관한 모든 것을 의미한다. 기계-기계 소통과 인간-컴퓨터 소통이 사물들에까지 확장된 것이다."(앞의 문헌, 2쪽).

그런 지능을 가진 인공물들의 연결망이 인간 사회에서 차지하게 될 영향력의 넓이와 깊이는 비약적으로 커질 것이다.[153] 나아가 이와 같은 연결망 구조의 인공 주체는, 현재 로봇공학의 발달이 지향하는 방향이 그러하듯이, 손과 발을 지닌 구체적인 행위 주체[154]에 해당하는 속성들을 구현하게 될 것이다.

인간의 능력을 적어도 특정한 면에서 뛰어넘는 그런 지능을 가진 인공물들의 거대한 연결망 속에서 살아가게 된다는 사실 자체가 우리에게 기술에 대한 공포나 공포에서 비롯되는 혐오를 유발하는 것은 필연적인 현상도 아니고, 그 자체로 유익한 현상도 아니다. 이런 인공물이나 그것들의 체계는 다만 인간이 자신들의 필요를 좇아 고안, 제작하고 발달시킨 것이다. 우리는 그것을 만든 우리 자신을 압도하는 능력을 지닌 이와 같은 인공 체계를 우리의 도구로 사용할 것이고, 아마도 끊임없이 그것을 더 개발하면서 그것들과 더불어 살아갈 것이다.

그러나 우리는 여기서 이와 같은 '인간-그리고-인공체계'의 공진화 과정에 내재되어 있는 위험을 분명하게 인식할 필요가 있다. 그것은 이 체계의 고안자이고 제작자인 동시에 사용자인 인간이 자신이 만든 체계에 대한 통제의 힘을 상실했을 때 나타나는 위험이다. 그리고 이 위험은 총, 칼이나 폭발물이 지닌 종류의 위험과 다르다. 로봇윤리의 첫 번째 관심사는 이 위험을 제어하는 일에 놓여 있다. 총이나 칼의 위험은 원칙적으로 **그것을 손에 든 사람의 행위를 통해**

---

153) 네트워킹은 인공 체계와 세계의 접속 면을 넓히고 접촉이 촉발하는 학습의 신뢰도를 강화하면서 인공 체계가 더 효율적으로, 더 광범위하게 세계를 경험하도록 만든다.

154) 같은 문장 속에 언급된 '인공 주체'의 경우도 마찬가지지만, 이것을 단수(單數)의 주체로 볼 것인지 아니면 수많은 주체들의 연결망으로 볼 것인지는 맥락의 문제다.

서만 현실화된다. 그러나 지능을 가진 인공 체계의 경우, **그것 자체가 마치 판단과 실행의 능력을 지닌 하나의 주체인 것처럼** 작동할 수 있다는 점에서 총, 칼의 경우와 중요한 차이가 있다.

인공물의 그런 능력이 그것이 자율적 주체의 지위를 가졌음을 의미하는가, 아닌가 하는 물음은 아래 서술할 로봇윤리의 두 번째 관점에서 중요한 논의 주제지만, 첫 번째 관점의 원칙들은 **그것이 독립적인 지각과 판단과 실행의 능력을 지닌 것처럼 행동한다는 현상 차원의 사실**만으로도 도출 가능하다. 로봇을 설계, 제작, 관리하는 자의 관점에서 고려해야 할 요소는 로봇의 작동과 인간의 행위 사이에 어떤 형이상학적 차이가 있는가 하는 물음이 아니라 설계, 제작, 관리의 대상인 로봇의 작동이 현실 세계에서 산출하는 결과이기 때문이다. 그리고 이 관점에서 로봇윤리의 원칙들은 인공물인 로봇에 대한 제작자-관리자의 통제력을 유지하는 일에 초점을 맞추게 된다.

로봇윤리를 논하는 다수의 문헌에서 여전히 언급되고 있는 아시모프의 로봇 3법칙 역시 그 핵심 취지에서 이와 동일한 방향을 가리킨다. 다만 그것들은 구체적으로 로봇을 설계, 제작, 관리하는 자의 행위 원리를 서술의 대상으로 삼고 있지 않을 뿐이다.[155] 로봇윤리의 논자들 중에는 아시모프의 법칙들이 "픽션의 얘깃거리로는 흥미롭지만, AMA[=인공 도덕 행위자]를 설계하는 기반으로서는 부적절하다"[156]라고 평가절하 하는 이들도 있다. 해당 논문에서 저자인 앨런 등이 그와 같은 부정적 평가의 근거로 드는 것은 예컨대 제1법칙의 경우 선택지가 예외 없이 인명의 피해에 귀착하는 경우 같은 내

155) 고인석(2011) 참조.
156) Allen et al.(2000), 257쪽.

적 딜레마의 가능성, 그리고 (의무론적) 원칙들 간의 충돌 가능성이다. 그러나 이와 같은 문제점은 원칙들의 세련화나 세부사항의 수정, 또는 원칙을 해석하는 방식의 보완을 요구하는 조건이지, 해당 원칙들이 그 자체로 무익하다는 것을 필함하는 약점이라고 볼 이유가 없다. 2007년부터 2008년까지 한국에서 진행된 로봇윤리헌장 제정 준비 1차 작업의 핵심 집필자들도 아시모프의 법칙이 이미 로봇윤리의 실제 상황에 부적합한 낡은 것이 되었다고 보았는데, 그런 인식의 주된 근거는 전투 로봇이 개발되고 있는 상황 자체가 아시모프 제1법칙의 무효화를 의미한다는 판단이었다. 그러나 이는 일종의 본말전도다. 어떤 현실이 이미 전개되고 있다는 사실이 그런 현실과 상충하는 당위의 무효성을 증명하는 것은 아니다.

필자가 다른 곳에서 논한 것처럼 아시모프의 로봇 3법칙은 화법상의 문제점을 지니지만, 그 취지를 평가하자면 그것들은 오늘의 로봇윤리의 관점에서도 유의미한 규범을 함축한다. 이 논문과 그것이 공유하는 취지는 지속 가능성이다. 그것은 로봇공학의 지속 가능성이고, 로봇공학과 더불어 변모해 갈 우리 삶의 지속 가능성이다. 4절에서 필자가 제시할 로봇윤리의 기본 원칙은 이 관점에서 도출된다.

2) 로봇이 실현하는 판단과 행위의 도덕적 함의를 고찰하는 윤리학자의 관점

로봇윤리의 또 다른 영역은 로봇이 실현하는 행위의 도덕적 함의를 따지는 윤리학의 논의로 구성된다. 예컨대 "HAL이 살인을 한 것인가?"라는 데닛(D. C. Dennett)의 물음이 촉발하는 종류의 논의가 여기에 해당한다. 만일 지능을 가진 로봇의 정상적인 작동에 의해 인명 피해가 발생했다면 그 책임은 누구에게 있는가? 또 만일 그것이 오작동의 경우였다면 어떤가? 거꾸로 로봇의 작동이 중대한 선을 산출하는 경우 그에 대한 보상이나 칭찬은 누구의 몫인가?

이러한 물음들은 "로봇은-특히 도덕 주체의 지위와 관련하여- 어떤 지위에 있는가?" 하는 물음을 선결 문제로 제기한다. 로봇윤리의 기초 물음에 해당하는 이 물음은 문제가 되는 로봇의 지각과 판단 과정, 그리고 그 능력에 대한 경험적 탐구에 의존하는 물음인 동시에 로봇을 만들고 활용하는 인간 사회의 이론적 결단을 요구하는 물음이다. 다시 말해 우리는 이 문제 앞에서 "우리가 지금 논의하고 있는 이 로봇시스템은 이러이러한 지각과 판단의 능력을 지니고 있으며 이러이러한 일을 수행한다. 그것에 **어떤 지위를 부여하는 것이 적절할** 것인가?"와 같은 방식으로 접근하는 것이 현명하다.

로봇에게 어떤 지위를 부여하는 것이 적절한가? 로봇윤리가 이 물음과 관련하여 일종의 선행 연구에 해당하는 동물윤리의 논의에서 유비적인 가르침을 얻을 수 있으리라는 기대가 있다.[157] 포유류나 조류는 물론이고 어류와 일부 두족류까지 포함하는 수많은 종류의 동물은 쾌고감수(快苦感受)의 능력을 갖고 있는 것으로 인정된다. 이는 동물 신체의 생리학적-신경학적 구조와 특성에 대한 과학적 탐구의 성과로 뒷받침되고 있는 생각이다. 오늘의 동물윤리는 이와 같은 쾌고감수의 능력이 해당 동물에게 도덕적 주체(moral subject)의 지위를 부여하는 핵심 요소가 된다고 본다. 그런데 여기서 도덕적 주체란 무엇인가? 이 '주체'는 다시 두 하위범주로 분석될 수 있다. 그

157) 실제로 이미 Coeckelbergh(2010)와 같은 논의의 사례가 있다.

것은 도덕 행위자(moral agent)와 도덕 수용자(moral patient)이다.[158]

동물이 쾌락과 고통을 느낄 수 있는 존재라는 경험적 사실이 그것의 도덕적 지위에 관하여 함축하는 것은 무엇인가? 어떤 대상 A가 쾌고감수의 능력을 지녔다는 사실은 도덕적 판단에서 A의 쾌락과 고통을 고려해야 한다는 당위의 충분조건으로 간주될 수 있다. 그렇다면 쾌고감수의 능력, 특히 생리학적 관점에서 고통을 느끼는 기제를 가진 것으로 평가되는 수많은 종의 동물을 도덕 판단에서 고려해야 한다. 생리학자의 고찰을 동원하지 않더라도 누군가가 강아지의 앞발을 세게 밟았을 때 그것이 "깨갱!" 소리를 내며 달아나는 것을 보면서 우리는 그것이 고통을 느꼈다고 추정할 수 있다. 만일 그 사람이 정당한 이유 없이 거듭해서 강아지의 앞발을 그렇게 밟는다면, 우리는 그의 행위를 비난하거나 중단시키려 할 것이다. 그것이 정당한 이유 없이 불필요한 고통을 산출하는 행위에 해당하기 때문이다. 이와 같은 비난에 맞서는 한 가지 길은 강아지의 반응이 진정한 고통에 해당하지 않음을 해명하는 것이다. 예를 들어 그것이 '강아지의 몸이라는 체계가 산출하는 특정 유형의 물리화학적 연쇄 반응'일 뿐이고, 그것을 '강아지의 고통'이라고 해석하는 것은 부적절하거나 최소한 근거가 불충분한 형이상학적 추정이라고 일단의 경험적 근거를 들어 논증하는 경우를 상상할 수 있다.

로봇윤리의 관점에서 문제는 이와 같은 방식으로 도덕적 고려의 대상이 된다는 것이 그것의 도덕적 주체로서의 지위에 관하여 어떤 함의를 지니는가 하는 물음이다. 달리 말해 도덕 수용자(moral

158) 2013년 6월 필자의 범한철학회 정기학술대회 발표 때 윤혜진 교수가 던진 질문과 토론을 계기로 도덕 주체 개념의 세부적인 갈래에 주목하게 되었다.

patient)라는 지위는 도덕 주체(moral subject)라는 지위에 관하여 어떤 함의를 지니는가? 특히, 도덕 수용자의 범주와 도덕 행위자(moral agent)의 범주는 어떤 관계에 있는가? 이 물음에 대하여 다음과 같은 네 가지 입장이 가능하지만, 윤리학자들은 아직 이 물음에 대하여 통일된 답을 제시하고 있지 않다.

ⓐ 모든 도덕 수용자가, 그리고 오직 도덕 수용자만이 도덕 행위자다.
ⓑ 모든 도덕 행위자가 도덕 수용자이지만, 그 역은 성립하지 않는다.
ⓒ 모든 도덕 수용자가 도덕 행위자이지만, 그 역은 성립하지 않는다.
ⓓ 도덕 수용자의 범주와 도덕 행위자의 범주는 서로 독립적이다.

이 물음을 상론하는 일은 로봇공학의 길잡이 역할을 할 첫 번째 관점의 로봇윤리에 초점을 맞춘 이 논문의 범위를 벗어나지만, 동물윤리의 논의를 참고할 때 우선 ⓐ와 ⓒ는 정당화되기 어려운 선택지다. 척추동물을 비롯하여 고통을 지각할 수 있는 것으로 여겨지는 여러 종류의 동물이 동물윤리의 관점에서 도덕 수용자의 범주에 속하는 반면, 도덕 행위자로 인정되지는 않기 때문이다. ⓑ와 ⓓ 사이의 선택은 도덕 행위자이지만 도덕 수용자가 아닌 경우의 존재 여부에 달려 있는데, 현재 진행되고 있는 인공 도덕 행위자(artificial moral agent; AMA)에 관한 논의의 범위 안에서 볼 때 로봇이 이 경우에 해당하는 것으로 판단될 개연성이 있다.[159] 그러나 인공 도덕 행위자의 개념을 유의미한 것으로 상정하고 논의하더라도 그것에 어떤 종류, 어느 수준의 도덕 행위자 지위를 부여하는 것이 적절한

159) AMA에 관한 논의는 Wallach & Allen(2009) 참조.

지는 미결의 문제다. 이 문제에 관한 현재의 다수 의견은 로봇이 진정한 의미의 자율성(genuine autonomy)을 갖지 않기 때문에 진정한 도덕 행위자로 인정할 수 없다는 것이다.[160] 하지만 AMA에 관한 최근의 토론은 '진정한 자율성'이라는 이론적 항목을 우회하면서 활발하게 진행되고 있는 형국이다.

로봇윤리에 관한 국내 논의의 초기 단계에서 이중원은 로봇의 존재론적 지위와 관련하여 '준인격체'라는 개념을 제안하였다.[161] 이것은 로봇의 도덕적 지위가 긍정-아니면-부정의 문제라기보다 그 정도와 양상에 관한 세밀한 토론을 필요로 하는 문제임을 암시하는 합리적인 제안이지만, 동시에 문제의 '준-'(quasi-)이라는 지위의 구체적인 성격에 대한 논의가 보완되어야 할 미완의 제안이다.

3절의 서두에 쓴 것처럼 이 두 번째 관점의 로봇윤리, 즉 윤리학자 관점의 로봇윤리는 이 논문의 중심 주제가 아닐 뿐만 아니라 국내외를 막론하고 이제 막 논의의 초기 단계에 진입하는 문제 영역이라는 점에서 여기서 논의할 수 있는 한계가 뚜렷하다. 다만, 상상 속 세계의 윤리가 아닌 현실 세계의 윤리로서의 로봇윤리를 구성하려 할 때, 멀리 내다보며 바라는 미래가 아니라 현재와 예측 가능한 근미래(近未來)의 과학기술 수준을 논의의 바탕으로 삼아야 한다는 점

---

160) 페티트(P. Pettit)는-로봇을 대상으로 논한 것은 아니지만- 도덕 주체의 지위를 부여할 수 있는 조건으로 다음 세 가지를 든다. ① 자율적 행위자로서, 선하거나 악한, 혹은 [올바르거나 그렇지 않은] 일을 하는 가능성을 함축하는 가치 관련적 선택을 대면할 것, ② 관련된 선택지들의 상대적 가치에 관한 판단을 가능하게 하는 필요한 증거들을 가지고 있을 뿐만 아니라 그것들을 이해하고 있을 것, ③ 선택지들의 가치에 대한 판단에 근거하여 실제로 선택을 할 수 있기 위해 필요한 조정 능력을 가지고 있을 것. 그는 이 관점에서 어떤 사건에 대해 강아지 탓을 하는 것은 날씨 탓을 하는 것과 다름없다고 말한다. Pettit(2007) 참조. 괄호는 필자가 고쳐 적음.

161) 한국에서 로봇윤리에 관한 논의는 2007년 초, 지식경제부(당시 명칭)의 주도로 시작된 로봇윤리헌장제정 작업이 시발점이 되었다. 이중원은 2008년부터 이 작업에 합류했고, 2008년 12월 열린 <지능형 로봇 윤리 워크숍> 발표에서 '준인격체'로서의 로봇의 지위를 언급하였다.

을 분명히 해 둘 필요가 있다. 이런 바탕에서 전개될 논의에서라면 인간과 문자 그대로 대등한 수준의 정신적 속성들을 지닌 인공 주체는 배제될 것이다. 물론 잠정적 제안이지만, 이와 같은 현재적-근미래적 관점에서 '인공 도덕 행위자'의 개념은 그 자체로 인간과 대등한 인공 주체를 가리키는 개념으로서가 아니라 **'인간의 위임에 따라 조건화된 자율성의 범위 안에서 작동하는 인공물'**의 특성을 지시하는 개념으로 이해하는 것이 옳다고 본다.

4. 로봇윤리의 기본 원칙

로봇을 다루는 일에 일반적으로 적용할 윤리 원칙을 확인하는 일은 로봇의 존재 특성을 바로 보는 데서 시작된다. 로봇윤리의 정립이라는 문제의 관점에서 볼 때 로봇이라는 존재자의 핵심적인 특성은 그것이 인간이 특정한 종류의 노동(*robota*)을 위해 만든 사물-혹은 도구-이면서도 여느 사물들과 달리 마치 자율성을 지닌 존재인 것처럼 행위할 수 있는 역량을 가졌다는 데, 그러면서도 그 자체를 책임의 주체로 보기가 어렵다는 데 있다. 윤리는 행위의 도덕적 평가를 다루며, 로봇윤리는 로봇의 작동에 관한 평가, 그리고 거기서 이어지는 인정, 장려, 제재, 비난 등을 다루어야 한다. 다시 말해 로봇윤리의 원칙들은 앞서 살펴 본 유별난 특성의 존재자인 로봇과 관련된 현상들에 대하여 그런 도덕적 평가의 기준을 제시하는 것이어야 한다.

우리가 확인한 것은 로봇이 그것을 기획, 설계하고 제작한 사람들의 정신을 능동적인 방식으로 재현한다는 사실이었다. 이로부터 우리는 로봇의 행위 혹은 작동에 관한 평가가 그것을 기획, 설계, 제작한 주체들에 대한 평가이어야 한다는 기본적인 원칙을 추론할 수 있다.[162] 이와 같은 원칙의 타당성은 도덕적 평가에 국한되지 않지만 도덕적 평가의 경우에서 더욱 확연하게 두드러진다. 예를 들어 로봇이 그 작동 과정에서 사람의 신체에 상해를 입혔다고 해 보자. 그런 경우 현상 차원에서 그 상해의 직접적인 주체는 문제의 그 로봇이지만, 이 상해와 관련된 도덕적 평가의 대상은 해당 로봇의 기획자, 설계자, 제작자, 관리자의 범위로 전이될 것이다.[163]

로봇의 설계와 제작 과정 전반이 다시 인공지능에 의하여 통제되는 상황에서는 어떨까? 이것은 좀 더 먼 미래에나 현실이 될 법한 상황이지만,[164] 방금 언급한 평가 대상의 전이는 그런 상황에서도 원칙적으로 똑같이 적용된다. 단, 그 전이는 문제의 사건을 일으킨 그 로봇의 제작 공정을 통제한 인공지능에서 멈추는 것이 아니라 문제의 로봇을 그렇게 제작할 인공지능 체계를 설계하고 제작한 사람들에게까지 이어진 뒤에야 멈출 것이다.

3절에서 언급한 것처럼 필자는 기획과 설계, 제작에 이어 로봇윤리에서 '관리'의 임무와 책임이 따로 논의되어야 한다고 본다.[165]

---

162) '기획'을 '설계' 과정의 일부분으로 포함시킬 수도 있지만, 도대체 우리가 어떤 종류의 로봇 시스템을 필요로 하는가, 어떤 특성을 지닌 로봇을 만들 것인가를 결정하는 기획의 단계를 그런 특성을 공학적으로 어떻게 실현할 것인지를 탐색하고 결정하는 설계의 단계와 구별하여 생각할 수 있다.

163) 그 평가는 문제의 상해에 대한 책임을 해당 로봇의 기획자, 설계자, 제작자, 관리자에게 어떻게 분배할 것인가 하는 분석으로 구성될 것이다.

164) "HAL이 살인을 저지른 것인가?"라는 물음이 현실화되는 상황이 아마 이러한 인공물의 수준과 결부되어 있을 것이다.

165) 필자는 로봇윤리헌장제정위원회의 로봇윤리헌장 초안에 대한 토론에서 로봇윤리의 하위 항목으로 설계자, 제작자와 나란히 '관리자' 관점의 윤리가 설정되어야 한다고 주장하였다. 고인석(2008, 2012a) 참조. 더불어 로봇윤리헌장제정위원회(2008), 변순용・송선영(2013)과 비교할 것.

여기서 관리는 다시 두 하위 요소로 분석된다. 하나는 감독 관리(administration), 즉 로봇이나 로봇시스템이 그것의 제작 의도에 따른 본연의 임무를 수행하는지 주목하면서 필요한 단계에서 공학적 개입을 통해 제작 의도와 실제 작동 간의 괴리를 조정하는 일이고, 다른 하나는 부품의 교체와 수리, 보정, 소프트웨어의 업데이트 등을 포함하는 유지 관리(maintenance)이다. 이 글이 주제로 삼은 로봇 윤리의 의미는 로봇과 인간의 종적 관계에 대한 규정, 그리고 로봇을 다루는 기획자-설계자, 제작자, 관리자 등의 상호관계에 대한 적절한 규정을 통해 인간이 만든 이 특별한 종류의 도구가 지속 가능성의 범위를 이탈하지 않으면서 인간의 삶에 봉사하도록 하는 데 있다.

로봇은 그것에 인공적으로 장착된 지능에 힘입어 현상 차원에서 인간과 유사한 주체의 기능을 수행할 수 있다.[166] 그러나 이와 같은 현상적 차원의 주체성이 오늘날 우리가 일반적인 도덕 체계에서 상정하는 주체성을 함축하는지, 혹은 그렇게 평가할 적절한 이유가 있는지는 따로 따져져야 할 문제다. 적어도 우리는 일부 로봇에서 나타날 현상적 주체성이-그것의 외양적 양상과 상관없이- 그 자체로 도덕적 주체의 지위를 함축하는 것이 아님을 분명히 인식할 필요가 있다.[167] 물론 논리적으로 그 부정, 즉 로봇이 도덕적 주체의 지위를 지니지 않는다는 명제가 입증된 것도 아니다.

이런 마당에 우리가 취해야 할 태도는 두 항목으로 요약된다. 그

166) 로봇의 '현상적 자율성'에 관해서는 고인석(2011)을 참조. 로봇의 자율성 및 도덕적 지위에 관한 토론은 Wallach & Allen(2009)의 1장과 4장, Gips(1991), Smithers(1997), Allen et al.(2000)을 참조하시오. 필자는 로봇이 실현하는 현상 차원의 독립성과 능동성에도 불구하고 로봇의 도덕 주체 지위는 따로 논증되어야 할 문제이고, 특히 사회적 결단의 문제라고 앞에서 주장했다.

167) 2절의 논의 참조.

하나는 충분한 숙고에 근거한 판단이 내려지기 전까지는 현재의 도덕적 관점을 유지하는 것이다. 현재의 관점에서 도덕의 주체로 인정되는 존재자는 인간-그리고 법인(法人)처럼 특수한 조건을 충족하는 인간 집단-뿐이다. 따라서 우리는 지능을 가진 인공물이 인간과 나란히 도덕 주체의 지위를 갖는다는 명확한 판단에 이르기 전까지는 로봇에게 도덕 주체의 지위를 부여할 이유가 없다. 다른 하나는 "로봇이 도덕 주체의 지위를 가지는가?" 하는 이 물음의 본성을 재확인하는 것이다. 이 물음은 "침팬지를 쇠막대기로 때렸을 때 '꽥꽥' 소리를 내며 도망가는 것이 침팬지의 고통을 의미하는가?" 같은 물음과 다른 종류의 것으로, 형이상학적 진리에 관한 물음이 아니라 사회적 결단 혹은 선택에 관한 물음이다.

로봇윤리는 로봇기술이 함축하는 잠재적 위험을 의식해야 한다. 로봇은 그것에 장착된 인공지능의 (자연발생적) 변화에 의해 원래의 제작 단계에서 의도되지 않았던 새로운 기능을 나타내게 될 수 있다.168) 그리고 이 새로운 기능은 생물학적 인간에게서 구현된 바 없는 종류나 수준의 것일 수도 있다는 점에 유의할 필요가 있다. 이와 유사한 위험은 이미 기존 공학윤리의 범위 안에서도 인지된 바 있지만,169) 인공지능의 발달은 이와 같은 위험의 양상과 영향 범위를 빠르게 변화시킬 가능성이 있다. 로봇윤리는 이와 같은 위험의 제어를 관심의 중심에 두면서 예방윤리의 임무를 수행해야 한다. 로봇을 비롯한 모든 인공물의 존재 의미는 그것의 제작 목적에 봉사하는 것,

168) 이러한 잠재적 위험은 앞에서 언급한 사물인터넷(IoT)의 속성을 고려할 때 더 확연해진다. 인간 주체의 실시간 개입 없이 '사물들이 서로' 정보를 주고받는 사물인터넷의 특성은 공학자의 개입 없이도 인공물에서 자연발생적인, 그리고 통제되지 않은 공학적 진화가 진행될 수 있을 가능성을 함축한다.

169) Terarc-25 사고의 예를 보라. Leveson(1995) 참조.

다시 말해 제작 목적에 부합하는 속성을 충실히 구현하는 것(Zweckmässigkeit)이다. 이로부터 다음과 같은 로봇윤리의 첫 번째 원칙이 도출된다.

- 로봇은 제작 목적에 부합하는 구조와 작동 특성을 일관성 있게 유지하도록 설계, 제작, 관리되어야 한다.

이 원칙은 로봇이라는 특수한 도구를 인간의 합리적인 통제력 안에 두기 위한 규범이다. 그리고 이 원칙의 준수는 다음과 같은 실천 규범을 요청한다.

- 로봇의 기능과 그것을 토대로 로봇에 위임된 권한의 종류와 양상을 포함하는 로봇의 작동 범위는 명확히 규정되고, 충실히 준수되어야 한다.

로봇의 설계자(designer)는 로봇의 작동이나 사용이 그 제작 목적의 범위를 벗어나는 경우를 원리적으로 배제하거나 적어도 그런 경우에 대비하여 로봇의 작동을 제한하는 방안을 설계에 반영하여야 한다. 로봇의 제작자(manufacturer)는 이와 같은 설계를 충실히 물리적으로 실현함으로써 로봇의 구조와 기능이 원래의 제작 목적과 합치하도록 해야 한다. 관리자(administration & maintenance)는 로봇의 작동 양상과 그 결과를 관찰하고 평가하면서 로봇의 작동이 그것의 제작 목적과 일관되게 부합하도록 해야 한다. 또한 로봇은 그것이 제작된 목적 이외의 용도에 활용되어서는 안 된다. 이와 더불어,

설계와 제작 과정에서 로봇의 특성과 관련된 기획, 설계, 제작 각각의 책임과 역할 그리고 인공지능체계가 구현하도록 장착되는 판단과 결정의 원칙들을 명시하여 언제라도 확인하고 필요한 경우 효율적으로 개입하여 수정할 수 있도록 할 필요가 있다.

끝으로, 로봇윤리의 기본 원칙은 문제의 기술 산품인 로봇에 대한 인간의 통제력 이외에 지속 가능성에 대한 고려를 포함한다. 이런 지속 가능성에 관한 기본적인 원칙은 다음 세 항목으로 간추릴 수 있다.

- 로봇은 사용자의 안전과 건강을 보호하도록, 그뿐만 아니라 그것의 작동에 의하여 간접적으로 안전이나 건강에 발생하는 비정상적인 위해가 없도록 설계, 제작, 관리되어야 한다.
- 로봇은 자연환경과 생태계의 지속 가능성을 위협하지 않도록 설계, 제작, 관리되어야 한다.
- 로봇기술의 개발과 적용은 개별자 차원이나 유적(類的) 차원에서 인간 정체성에 관한 혼란을 야기하지 않는 방식으로 제한되어야 한다. 단, 인간 정체성은 본질주의적으로 규정되는 것이 아니라 사회적 토론과 합의를 통해 보정 가능한 개념으로 간주된다.

마지막에 언급된 인간 정체성 관련 항목은 로봇이나 로봇시스템이 진정한 의미의 자율적 존재가 아님에도 불구하고 외견상 자율적 주체처럼 작동하는 데서 비롯될 수 있는 사회적-심리적 혼란이나 위험을 예견하고 대비해야 할 것을 말하고 있다.

5. 맺는 말

로봇윤리는 이제 막 토론이 시작된 신생 분야에 불과하지만, 인간의 정체성, 인간 정신의 본성, 인간과 인공물의 관계, 연장된 정신(extended mind)과 결부된 주체의 범위와 책임의 한계 등 수많은 철학적 물음들이 얽혀 있는 복잡한 문제 영역이다. 로봇 혹은 로봇시스템이 무인 자동차나 스마트 빌딩 같은 다양한 형태로 이미 세계의 구석구석에서 우리의 삶과 접촉하기 시작한 오늘, 우리는 어쩌면 이 물음들을 충분히 숙고할 기회마저 가지지 못한 채 로보틱스의 시대로 빨려들어 가게 될는지도 모른다. 이 논문은 이런 문제 상황에 대한 철학적 대응의 한 시도로, 기존 공학윤리의 연장선 위에 있으면서도 로봇이라는 존재자의 본성상 그 범위를 넘어 펼쳐져 있는 로봇윤리의 기본적인 원칙들을 제안하였다. 이 논문이 제안한 로봇윤리의 핵심은 로봇에 대한 인간의 통제력을 유지하는 일과 로봇공학의 발달 및 그 산물의 활용이 지속 가능성의 원칙과 충돌하지 않도록 하는 일에 있다.[170)]

170) 세 분 심사위원의 심사의견을 통해 이후 연구의 방향을 설정하는 데 도움을 받았다. 심사위원의 노고에 감사드린다.

<예시 2> 도덕 심리학의 개념적 쟁점과 윤리학적 함의 / 장대익 & 이민섭

1. 서론 - 도덕 심리학의 도전

도덕 판단은 어떤 과정을 통해서 이뤄지는가? 이성과 감정은 도덕 판단 과정에서 어떤 역할을 하고 그것들은 무슨 관계를 가지는가? 그 때 뇌에서는 어떤 일들이 벌어질까? 그리고 도덕성의 생물학적 기능은 무엇인가? 도덕성이 생물학적 기능을 갖는다면 그 기능들은 어떤 영역들일까? 도덕적 판단은 항상 도덕적 행위로 이어지는가? 그렇지 않다면 무엇이 행위를 판단으로부터 이탈하게 만드는 것일까? 그리고 이 모든 질문들이 윤리학에 주는 함의는 무엇일까? 도덕성에 대한 현대 심리학적 연구는 위와 같은 도전적인 질문을 던지고 있다. 그렇다면 현대 도덕심리학은 어떤 의미에서 도전적인가? 윤리학의 영역은 전통적으로 판단과 행위의 이유(reasons)에 관해서 다뤄왔다. 공리주의, 칸트의 의무론 등의 규범윤리학의 이론들은 판단과 행위의 이유가 되는 도덕 원리들을 제시한다. 도덕 원리들 속에 있는 판단이나 행위에 대한 이유는 그 행위를 꼭 해야만 하는 당위적 이유이다. 규범윤리학자들은 사실 명제로부터 당위 명제가 배타적으로 도출될 수 없다는 흄의 '자연주의의 오류'를 논거로 인간 도덕성에 대한 어떠한 기술(description)도 규범윤리학 이론의 정립에 영향을 줄 수 없다고 주장한다.

이러한 규범윤리학자들의 주장에 대해서 두 가지 형태로 반론할 수 있다. 첫째는 소극적 대응으로서 흄의 자연주의의 오류를 받아들이는 것이다. 자연주의의 오류가 옳다면 도덕성에 관한 사실로부터만 규범윤리학 이론을 도출할 수는 없다. 그럼에도 불구하고 도덕성에 대한 사실이 규범윤리학 이론 정립에 영향을 줄 수 없다고 생각하는 것은 그르다. 왜냐하면 사실 명제는 당위 명제와 결합하여 새로운 종류의 당위 명제를 도출할 수 있기 때문이다. 예를 들어, 사실 명제 "재미를 위해 타인을 고문하는 것은 엄청난 고통을 야기한다"에서 당위 명제 "재미를 위해 타인을 고문하는 것은 나쁘다"가 바로 도출될 수는 없다. 그러나 위의 사실 명제와 당위 명제 "고통을 야기하는 것은 나쁘다"가 결합된다면 "재미를 위해 타인을 고문하는 행위는 나쁘다"가 도출될 수 있다[1]. 이처럼 도덕 심리학의 연구 결과로 나온 사실 명제들은 성공적인 규범윤리 이론의 정립에 도움이 될 수 있다.

위의 소극적 대응에서 도덕 심리학의 성과로서 나온 사실 명제들은 특정한 포괄적 당위 명제의 존재에 의존한다. 그러나 도덕 심리학의 성과는 기존 규범윤리학이 받아들이고 있는 인간 심리에 대한 전제를 뒤흔들 수 있다. 대표적인 사례로 그린은 일반적인 사람들이 공리주의적 판단을 할 때 뇌의 인지적 활성을 보이고 칸트의 의무론적 판단을 할 때 감정적 활성을 보임을 밝혀냈다. 이러한 사실은 공리주의가 공감과 같은 감정에 기반하고 의무론이 이성적 추론에 의존해야 한다는 전통적 규범윤리학의 전제와 완전히 반대된다[2]. 현대 도덕심리학의 성과는 기존의 규범윤리학의 핵심 전제를 반박하고 사실로부터 새로운 규범윤리가 도출될 수 있음을 보여 준다.

본 논문에서는 현대 도덕 심리학의 연구 성과와 쟁점을 소개하고 한계점들을 간략히 지적할 것이다. 우선 도덕 판단에 있어서 이성과 감정의 역할과 그 관계에 대한 연구들을 살펴볼 것이다. 그린(J. Greene)의 이중 과정 이론(dual process theory), 하이트(J. Haidt)의 사회적 직관 모형(social intuitionist model)은 이성과 감정의 역할에 대한 서로 다른 입장을 갖는다. 또한 본 논문에서는 도덕성의 영역과 그것의 기능 그리고 그것이 어떤 진화적 압력에 의해 나타났는지를 하이트의 도덕 기반 이론(moral foundations theory)을 통해서 살펴볼 것이다. 하이트의 도덕 기반 이론은 집단선택론을 그 이론적 배경으로 삼고 있지만 그것이 도덕성에 대해서 완벽한 설명을 제공해 주는 것은 아니다. 마지막으로 도덕 판단과 실제 행위의 관계에 대한 연구를 소개한다. 그린과 하이트의 도덕 심리학 이론은 도덕 판단에만 치우친 연구를 수행했다. 도덕 균형 이론(moral balance theory)은 개인의 생애사를 맥락 요소로서 고려함으로써 우리의 행위가 도덕 판단으로부터 체계적으로 이탈하는 현상에 대해 설명해 준다.

2. 도덕적 딜레마와 그린의 이중 과정 이론 그리고 신경과학

우리는 윤리학자도 종교인도 아니지만 하루에도 수십 번 크고 작은 도덕적 판단을 하면서 살아가고 있다. 지각이 염려되는 출근길의 버스 대기 줄에서 슬쩍 새치기했다는 이유로 양심의 가책을 느끼기도 하고, 저녁 회식 자리에 껌을 팔러 온 아주머니를 그냥 보낸 것이 도덕적인 행위인가 살짝 고민하기도 한다. 기아에 허덕이는 아프리카 사람들을 TV에서 보면서 무기 개발을 위해 쓰는 천문학적 비용이 과연 윤리적 소비인지 따져 묻게 된다. 규범에 대해 연구하는 윤리학자들은 이런 일상의 도덕적 딜레마의 본성을 잘 드러내는 사고 실험들을 개발해 왔다. 다음과 같은 상황을 상상해 보자.

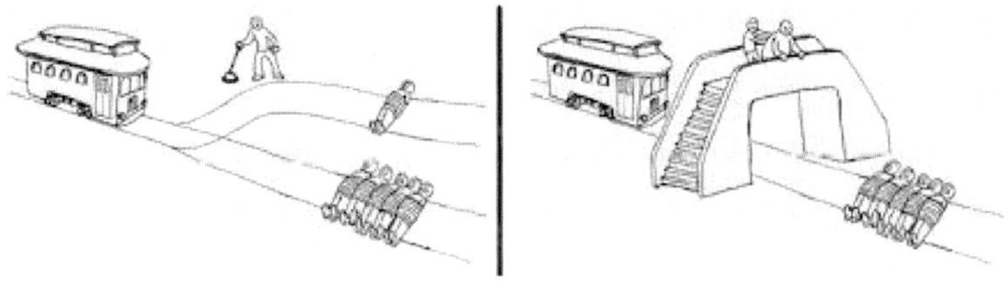

[그림1] 트롤리 사례(왼쪽)와 인도교 사례(오른쪽)

[그림1]에서 트롤리가 선로 위에 있다. 그런데 자동 제어 장치가 고장이 났다. 트롤리가 원래 궤도로 직진하는 경우에 선로 위에 묶여 있는 다섯 명은 치여 죽고 만다. 왼쪽 상황에서는 선로를 변경할 수 있는 레버를 손으로 잡아당기면 트롤리가 원래 선로를 벗어나 다른 궤도로 달리게 됨으로써 다섯 명을 살릴 수 있다. 하지만 변경된 선로 위에 있는 또 다른 한 명은 치여 죽을 수밖에 없는 운명이다. 당신은 이 상황에서 어떤 선택을 할 것인가?

이 상황에서 아무런 조치도 취하지 않는다면 다섯 명이 희생된다. 하지만 레버를 잡아당기면 한 명이 죽고 다섯 명은 살릴 수 있다. '최대 다수의 최대 행복'을 추구하는 공리주의적 관점에서는 비록 한 명은 희생당할 수밖에 없지만 레버를 잡아당기는 것이 가장 합리적인 행위가 될 것이다.

잡아당길 것인가? 그런데 왠지 찜찜하다. 숫자로는 이로운 행동을 한 것 같지만 희생당한 그 한 사람이 마음에 걸리기 때문이다. 하지만 다음과 같은 상황을 상상해 보자.

오른쪽 상황에서는 동일한 트롤리이지만 선로는 하나이다. 계속 가다 보면 선로 위에 묶여 있는 다섯 사람을 치어 죽일 수밖에 없는 상황이다. 그런데 선로 위에 육교가 있고 그 위에 덩치 큰 남성이 서 있다. 당신이 그 남성을 뒤에서 밀어 선로 위로 떨어지게 하면(그래서 결국 죽는다) 그 무게 때문에 트롤리는 그 자리에서 멈춰 서고 묶여 있는 다섯 명은 목숨을 건질 수 있다. 이 상황에서 당신은 어떻게 하겠는가?

물론 한 사람을 희생시켜 다섯 명을 살릴 수 있다는 면에서는 앞의 경우와 똑같다. 하지만 처음 사례보다는 판단이 더 곤란한 상황처럼 느껴진다. 인간의 도덕 문법을 주제로 연구해 온 하우저(M. Hauser)는 5,000명을 대상으로 위의 두 사례에 대한 온라인 설문 조사를 했다. 그랬더니 실제로 첫 번째 사례에 대해서는 89퍼센트가 도덕적으로 허용될 수 있다고 응답했지만, 두 번째 사례에 대해서는 11퍼센트만이 허용될 수 있다고 응답했다[3]. 왜 우리는 두 번째 사례에 더 큰 도덕적 부담을 느끼는 것일까?

이런 차이에 대해서 도덕 심리학자들은 우리가 사람이 개입된 딜레마와 그렇지 않은 딜레마를 은연중에 구분하고 있다고 설명한다. 즉, 첫 번째 사례에서 피험자는 도덕적 딜레마 상황을 빠져나오기 위해 어떤 개인을 '수단'으로 삼지 않아도 된다. 직접적인 수단이나 도구는 사람이 아니라 레버이다. 즉, 이 딜레마는 레버를 당길 것인가, 말 것인가의 문제로 축소된다. 반면에 두 번째 사례에서 피험자는 특정 개인을 직접적인 수단으로 삼아야 할 것인지, 말 것인지를 결정해야 한다. 그런데 중요한 것은 인류 역사에서 우리의 감정과 직관은 어떤 개인에게 직접적인 영향을 주는 판단이나 행동들에 대해 훨씬 더 민감하게 반응하도록 진화해 왔다는 사실이다.

다음과 같은 상황이 가능한 것도 바로 현대로 올수록 사람이 직접 개입되지 않는 도덕적 딜레마 상황이 점점 더 많아지기 때문일 것이다.

"미국 국방성에 근무하는 존은 여느 날처럼 아침에 과일 한 조각에 커피 한 잔을 마시고 차를 몰고 직장에 도착했다. 동료와 잠시 회의를 하고는 컴퓨터 앞에 앉아 모니터를 주시한다. 그는 중동의 한 마을에 은신해 있다는 테러범을 제거할 목적으로 무인 정찰기를 조종하고 있다. 마침내 발포 명령이 떨어지자 그는 한 치의 주저함도 없이(마치 컴퓨터 전쟁 게임을 하듯이) 엔터키를 누른다. 순식간에 마을은 쑥대밭이 되었고 그 작은 마을의 주민은 테러범과 함께 몰살당했다. 주위의 몇몇 동료의 입에서 환호가 터져 나왔고 더러는 서로 하이파이브를 했다. 오후 4시쯤이 되자 존은 여느 직장인처럼 차를 몰고 집으로 향한다. 아내와 아이들을 위한 맛있는 저녁을 준비할 생각을 하면서."

지구 반대편 사람들의 생사를 전자오락 하듯이 버튼 몇 개로 좌지우지할 수 있는 상황은 인류의 진화 역사에서 너무나 새롭고 낯선 풍경이다. 따라서 우리의 뇌는 아직 거기에 제대로 반응하지 못한다. 우리의 감정과 직관은 여전히 수렵 채집기의 익숙한 상황에만 반응하고 있는 것이다. 마땅히 분노해야 할 상황임에도 이상하리만큼 덤덤한 이유도 이 때문이다.

그렇다면 실제로 도덕적 딜레마 상황에서 어떤 판단을 할 때 우리 뇌에서는 어떤 일이 벌어지는 것일까? 도덕 판단의 신경 메커니즘은 무엇이기에 앞의 첫 번째 사례와 두 번째 사례에서 다른 결과나 나오는 것일까?

도덕 심리학자 그린과 코헨은 트롤리의 딜레마에 대한 도덕 판단을 할 때 피험자의 실제 뇌에서 어떤 일이 벌어지는가를 fMRI를 이용해 연구했다[4]. 그 결과, 첫 번째 사례(레버를 당기는 경우)에서는 피험자 뇌의 배외측 전전두피질(dlPFC)이 활성화되었다. 이는 도덕적 판단이 일어나는 과정에서 높은 수준의 인지기능(이성적 추론)이 개입되었다는 증거이다. 즉, 계산이 일어난 경우이다. 반면에 덩치가 큰 사람을 밀어야 하는 두 번째 사례에서는 감정적 반응과 연관된 뇌 영역인 복내측 전전두피질(vmPFC), 전대상피질(ACC), 편도체(amygdala)가 크게 활성화되었다. 즉, 정서적인 각성이 일어난 경우이다.

어떤 도덕적 딜레마에 놓이느냐에 따라 도덕적 판단이 일어나는 뇌 부위가 달라진다고 해 보자. 그럼 우리는 어떤 뇌가 작동하는가에 따라 벤담식의 공리주의자가 되거나 칸트식의 의무론자가 된다고 할 수도 있을 것이다. 비유컨대 배외측 전전두 피질은 '공리주의자의 뇌'이며 복내측 전전두피질은 '칸트의 뇌'라고 할 수도 있다. 인간을 수단이 아닌 목적으로 대우할 것을 천명했던 칸트의 의무론적 규범윤리학은 복내측 전전두피질이 작동한 결과인 셈이다.

그린과 코헨은 이런 결과들을 종합해서 '도덕적 판단 상황에서 우리 인간은 이성과 직관(또는 감정)을 모두 동원하여 딜레마를 해결한다'는 이른바 '이중 과정 이론'을 제안했다[5]. 이 이론에 의하면 도덕 판단에서는 직관적, 감정적 반응과 인지적 반응 모두가 중요한 역할을 하고 있다.

그린의 이중 과정 이론은 인지와 감정이라는 심리적 개념에 기반을 두고 있다. 그리고 이 이론은 결과주의적 도덕 판단이 보다 인지적이며 의무론적 판단이 보다 감정적이라고 주장한다. 이 사실은 우리가 전통적으로 이해해 오던 결과주의(consequentialism)와 의무론(deontology)에 대한 관념을 뒤바꾼다. 전통적으로 칸트의 의무론은 이성을 중시하는 입장이며 결과주의는 감정을 중요시하는 데이비드 흄과 애덤 스미스의 정감주의를 바탕으로 하고 있는 이론이라고 알려져 있다. 그린은 전통적 도덕철학자들이 자신들의 규범윤리학 이론이 실제로 어떤 것인지 제대로 알지 못한 상태로 정의를 내렸다고 주장한다[1]. 그린의 이론에 따르면 결과주의와 의무론은 각각 양분 가능한 두 가지 심리 패턴에 대한 철학적 표현이다. 물을 정의하기 위해서는 물의 표면적 성질이 아니라 물이 H_2O임을 알아야 하는 것처럼 결과주의와 의무론에 대해서 제대로 정의를 내리기 위해서는 그것들의 본질을 구성하고 있는 심리 패턴에 대한 이해가 필요하다.

그린의 이중 과정이 실제 도덕성의 심리 구조를 잘 기술하고 있다고 해도 흥미로운 윤리학적 물음들은 제기될 수 있다. 예를 들면 그것은 '우리가 직관을 얼마나 신뢰할 수 있을까?'라는 물음이다. 다시 트롤리 사례를 생각해 보자. 결과적으로 많은 사람이 뚱뚱한 사람을 밀치면 윤리적으로 옳지 않다고 판단했지만, 레버를 당기면 윤리적으로 정당화될 수 있다고 판단했다. 그렇다면 이 차이는 무엇 때문이었는가? 뇌 영상 연구결과에 따르면 전자는 감정을 담당하는 뇌 부위가 활성화된 반면에 후자는 인지적 추론을 담당하는 뇌 부위가 활성화되었다. 이것은 두 상황 사이에 직관적으로 일어난 윤리적 판단의 차이가 결국 감정의 차이에서부터 비롯되고 있다는 것을 의미하는 것이다. 이것이 사실이라면 우리는 더 곤란한 문제에 직면할 수밖에 없다. 대체 감정을 윤리적 직관의 기준으로 삼을 수 있단 말인가?

인류 역사에서 감정은 이성보다 훨씬 더 오래전에 진화했다. 인간의 감정 작동 메커니즘은 아마도 홍적세의 수렵 채집 기간의 적응 산물로서 진화했을 것이다. 그렇다면 사람을 직접 해하는 것에 대한 즉각적이고 자동적인 반응은 적응적 이유가 있었을 것이다. 트롤리의 실험에서 사람을 직접 미는 것에 사람들이 거부 반응을 일으킨 것도 이 같은 진화적 적응의 산물이라고 할 수 있다.

반면에 우리가 트롤리 시스템을 발명한 것은 최근의 일이다. 우리 선조는 그와 같은 환경에서 생존하지 않았다. 수렵 채집기에 적응된 우리의 감정은 변화된 환경에 한참 뒤처져 있다. 바로 이런 시간 지연 때문에 우리는 감정적 반응을 사회의 윤리적 규범으로 삼을 수 없다. 트롤리의 딜레마 상황에서처럼, 우리가 예전부터 민감한 직접적 접촉을 통해 사람을 희생시키는 것은 옳지 않고, 최근에야 이용할 수 있는 간접적 방식을 통해 사람을 희생시키는 것은 과연 옳다고 할 수 있겠는가? 이런 구별은 윤리학적으로 정당화되기 힘들다.

3. 도덕적 말 막힘과 하이트의 사회적 직관 모형

앞 절에서의 연구 결과들을 토대로 도덕 판단에 감정이 중요한 역할을 한다는 사실을 받아들인다고 하자. 그렇다면 감정은 이성만큼의 역할을 하는가? 아니면 이성을 보조하는가? 그것도 아니면 이성이 보조하는가? 다음과 같은 상황을 상상해보자.

“잭은 퇴근길에 슈퍼마켓에 들러 생닭 한 마리를 사서 들어왔다.

그는 생닭을 씻은 다음에 바지를 벗고 자신의 성기를 닭 속에 집어넣은 후 자위를 했다. 사정한 후 그는 닭을 오븐에 구워서 저녁 식사로 먹었다"[6].

당신은 잭의 행동을 어떻게 판단할 것인가? 도덕적으로 문제가 심각한가? 아니면 별문제가 없는가? 이럴 때 실제로 대다수는 잭의 행동을 비도덕적이라고 비난했다. 하지만 왜 비도덕적 행동인지를 물으면 명확하게 답하지 못한다. 사실 잭의 행동은 엽기적이긴 하지만 남에게 전혀 피해를 주지 않는 행동이므로(물론 자신에게도) 도덕적 비난을 받을 이유가 없는 행동이다. 또 다른 사례를 보자 "줄리와 마크는 남매이다. 그들은 프랑스로 함께 여행을 떠났다. 바닷가 근처의 숙소에 자신들만 있을 때 같이 섹스하면 재미있을 것으로 생각했다. 왜냐하면 그것은 그들에게 새로운 경험이었기 때문이다. 줄리는 피임약을 복용했고 마크도 콘돔을 사용했다. 그들은 섹스를 즐겼지만 다시는 그런 일을 하지 않기로 했다. 그들은 그날 밤의 일을 둘만의 비밀로 간직하기로 했고 그 이후로 둘은 더 친밀해졌다"[7].

두 남매의 행위에 대해서는 어떻게 판단할 것인가? 이 경우도 앞의 경우처럼 비도덕적이라고 말하는 사람들이 대다수였다. 도덕 심리학자 하이트는 사람들에게 그 이유를 물었는데 대부분은 '근친상간에 의한 임신'을 문제 삼았다. 하지만 철저한 피임을 했다는 사실이 이미 드러나 있기 때문에 이 대답은 전혀 합리적일 수 없다. 게다가 다수는 "잘 모르겠다"거나 "설명은 못하겠지만 잘못된 일"이라고 응답했다[7]. 즉, 위의 실험들에서 알 수 있는 것은 도덕적 판단이 일어날 때 직관이 먼저 오고 그에 대한 합리화는 나중에 따라 나온다는 사실이다. 그런데 이때 합리적 이유를 대려 해도 결국 직관을 정당화하지 못하는 경우들이 생긴다. 하이트는 그것을 “도덕적 말 막힘”(moral dumbfounding) 현상이라고 불렀다[7].

하이트는 이와 같은 심리 실험들을 토대로 우리의 도덕적 판단이 ‘사회적 직관’에 의존한다고 주장했다[8]. 즉, 도덕적 판단은 직접적, 감정적 반응을 통해서 형성된다. 이때 감정적 반응의 차이는 상당 부분 사회, 문화적 차이에 기인한다는 것이다. 여기서 중요한 것은 특정 상황과 그에 대한 도덕적 판단 사이에서 추론은 개입하지 않는다는 점이다. 도덕적 판단을 이끄는 것은 직관일 뿐이며 추론은 그 직관의 뒤치다꺼리일 뿐이다. 따라서 하이트의 사회적 직관 모형에 따르면 도덕적 판단은 결코 합리적일 수 없다.

그렇다면 사회적 직관 모형은 앞에서 논의된 이중 과정 이론과 어떤 차이가 있을까? 우선, 도덕적 판단에서 감정 또는 직관이 차지하는 역할이 작지 않다는 점을 강조하는 측면에서 두 이론은 유사하다. 하지만 사회적 직관 모형은 거기서 한 발 더 나아가 직관에서 도덕적 판단이 나온다고 주장한다. ‘직관의 우선성’을 주장하고 있는 것이다. 그린의 이중 과정 이론에서 감정은 도덕 판단에 관한 한 이성과 공동 주연 역할을 맡고 있다. 즉, 그린의 이론에서는 직관과 추론 또는 감정과 이성이 도덕 판단을 이끄는 쌍두마차이다. 하지만 사회적 직관 모형에서 추론은 감정과 동등한 레벨이 아니다. 추론은 직관의 하녀이다.

하지만 도덕적 판단에서 직관이 정말로 그렇게 지배적인 역할을 하는지에 대하여 반론도 있다. 도덕 판단 과제를 하기 전에 피험자에게 다음과 같은 수학 문제를 내 주면 어떤 변화가 생길까?[9,10,11]

“야구 배트와 야구공을 합한 가격이 1,100원이다. 야구 배트가 야구공보다 1,000원 비싸다면 야구공의 가격은 얼마인가?"

이 실험의 목표는 수학 문제를 푼 후에 도덕 판단을 하게 하면 그렇지 않았을 때와 어떻게 다른지를 알아보기 위한 것이다. 놀랍게도 수학 문제를 푼 후에 도덕 판단을 하게 하면 같은 상황에 대해 계산적이고 합리적인 판단을 하는 비율이 증가했다[9].

수학 문제를 풀고 나면 공리주의자로 변신한다는 뜻인가? 대체 왜 이런 결과가 나왔을까? 사회적 직관 모형을 비판하는 연구자들이 발표한 바로는 추론 과제를 수행하게 한 후에 도덕 판단을 하도록 하면 추론을 담당하는 뇌 부위가 이미 활성화된 상태에서 도덕 판단을 하므로 더 계산적이고 합리적이 될 수 있다. 그들은 이런 증거들이 도덕 판단을 이끄는 것은 '직관'이라는 입장을 반박하고 있다고 주장한다.

인지적 과정과 감정적 과정을 포함하는 심리 패턴에 관해서 그린의 이중 과정 이론과 하이트의 사회적 직관 모형은 양립할 수 없다. 인지와 감정은 매우 폭넓은 개념이지만 앞서 그린과 동료들이 수행한 신경학적 연구로부터 알 수 있듯 서로 구별 가능한 뇌 영역을 물리적 기반으로 갖는다. 도덕 심리학의 두 이론은 모두 이 인지·감정 구분을 내리고 있지만 그것들의 선후 관계 및 뇌 영역 안에서의 억제 관계 등에 대해서는 서로 상반된 견해를 내놓고 있다. 현재의 연구 결과들은 각 도덕심리학 이론을 뒷받침하는 정도의 역할을 할 뿐이고 상대 이론을 기각하는 연구 설계는 아직 이뤄지지 않고 있다.

트롤리의 사례에서 많은 사람들이 공리주의적 판단을 했지만 그 사실로써 공리주의적 추론이 판단에 선행한 것을 보여 준 것은 아니다. 그린의 연구는 도덕적 딜레마 상황에서 두 영역이 독립적으로 분리될 수 있다는 것만을 보여 주었다는 데 그 의미가 있다. 마찬가지로 하이트도 역겨움이 수반되는 도덕 판단을 함에 있어서는 직관이 판단에 그리고 판단이 인지적 추론에 선행함을 보여 주었지만, 명백히 피해자가 물리적, 정신적 피해를 입거나 공정하지 않은 처우를 받는 사례에서도 인지가 판단에 선행하지 않는다는 것을 보여 주지는 못했다.171) 그린은 도덕적 딜레마를, 하이트는 도덕적 말 막힘을 이용함으로써 두 이론 모두 자신의 주장을 뒷받침할 수 있는 잘 만들어진 사례를 이용했다는 공통점이 있다. 앞으로 진행될 연구에서는 두 이론이 가지고 있는 심리 구조에 대한 가설을 배타적으로 검증할 수 있는 설계가 필요할 것이다.

4. 하이트의 도덕 기반 이론과 집단선택론

하이트는 역겨운 사례들을 들어 직관의 우선성을 주장하는 사회적 직관 모형을 제시했다. 역겨움이 수반되는 도덕 판단은 직관의 우선성을 주장하기에 알맞은 사례이지만 도덕성의 영역 중 역겨움이 수반되는 사례는 일부일 뿐이다. 사회적 직관 모형이 도덕 판단에 관한 옳은 이론이 되기 위해서는 역겨움 사례가 아닌 다른 도덕 영역에서도 직관이 우선한다는 것을 보여 주어야 한다. 하이트는 역겨움 사례와 다른 도덕 영역들에서 나타나는 직관이 가지는 진화론적 기능에 초점을 맞춘다.

하이트와 그래엄은 모든 문화권을 넘어서 적용되는 선천적 도덕

171) 채프먼(H. A. Chapman)과 그의 동료들은 불공정한 대우가 역겨움 감정을 수반한다는 흥미로운 연구 결과를 보고했다[12]. 하지만 그렇다고 하더라도 이 연구가 역겨움이 불공정함의 판단에 선행하는 것을 보여준 것은 아니다.

의 토대로서 다섯 가지 기반을 제시했다. 다섯 가지 기반은 '위해'(harm), '공정성'(fairness), '내집단'(ingroup), '권위'(authority), '순수성'(purity)이다. 하이트와 그래엄은 이 다섯 가지의 항목이 도덕의 기반들일 뿐이며 그것들이 바탕이 되어 그 위에 도덕성이 구성된다고 했다. 그리고 그들은 이것을 도덕 기반 이론이라고 불렀다[13].

하이드와 그래임은 각각의 도덕 기반을 평가하는 '도덕의 기반에 관한 설문'(Moral Foundations Questionnaire; MFQ)을 설계했다. MFQ의 문항을 통해 각 기반이 어떤 내용을 담고 있는지 살펴보도록 하자. "살인을 하는 것은 어떠한 경우에서도 옳지 못하다"는 '위해' 기반에, "정부가 법을 제정할 때 가장 중요한 원칙은 모든 이가 평등하게 대우받는 것을 보장하는 것이다"는 '공정성' 기반에 속한다. "사람들은 설사 그들의 가족이 잘못된 일을 했을지라도 가족에게 충실해야 한다"는 '내집단' 기반에, "내가 군인이고 나의 상관의 명령에 동의하지 않는다 하더라도 그것은 의무이기 때문에 복종해야만 한다"는 '권위' 기반에, 마지막으로 "아무도 다치진 않지만 역겨운 행위는 해서는 안 된다"는 '순수성' 기반에 속한다[13].

심지어 이러한 기본적인 도덕 판단의 기준은 인간과 가까운 영장류 종에서도 나타난다고 한다. 그는 다섯 가지 기준 중 앞의 두 기준인 '위해'와 '공정성'의 기준이 우리가 행하는 도덕 판단의 거의 대부분을 차지한다고 했다. 그러나 그는 도덕성에는 '위해'나 '공정성'의 원칙만을 가지고 설명될 수 없는 부분이 있다고 주장하며 나머지 세 기반이 중요한 역할을 한다고 했다. 하이트는 상대적으로 간과되어 온 이 세 가지 기반의 중요성을 역설하면서 다섯 가지 기반에 어떠한 가중치를 주는지에 따라서 개인의 정치적 입장이 달라질 수 있다고 주장한다. 자유주의자들의 경우 보수주의자들에 비해서 상대적으로 '내집단', '권위', '순수성' 기반에 가중치를 두지 않는다. 자유주의 진영에 있는 사람들은 성격적으로 새로운 경험에 대해서 개방적인 경향이 강하고 따라서 내집단에 대한 충실도, 권위에 대한 복종, 그리고 성적 폐쇄성에 대해서 거부한다[14].

하이트가 말한 선천적인 도덕 기반들은 도덕 심리학의 영역과 인류학 및 사회학의 도덕에 대한 설명을 통합한 것이다. 기존의 현대 도덕 심리학은 도덕 발달이 사회나 부모로부터 배우는 것보다는 스스로 학습할 수 있다고 본 장 피아제의 발달심리학적 전통에 영향을 받았다. 따라서 현대 도덕 심리학자들에게 있어서 도덕성은 하이트가 구분한 다섯 가지 기반 가운데 정치적으로 자유주의자들이 주로 사용하는 기준인 '위해'와 '공정성' 기반으로 제한된다. 그러나 현대 심리학 이전에 사회학적 전통 아래서는 뒤르켐(E. Durkheim)이 구분했던 집단(community), 권위(authority), 신성함(sacredness)이 도덕성의 기반으로 받아들여져 왔다. 이것은 하이트의 기반 가운데서 보수주의자들이 가중치를 많이 두는 도덕 기반 세 가지와 같다.

하이트와 그래엄이 도덕 심리학과 인류학 및 사회학의 전통을 통합하여 다섯 가지 기반을 제시하기 이전에 리처드 슈웨더(Richard Shweder)는 도덕성을 세 가지로 나누었다. 첫째, 자율성의 윤리(the ethics of autonomy)는 자율적인 개인을 가치의 단위로 본다. 둘째, 공동체의 윤리(the ethics of community)는 공동체와 그 안정성 및 응집성을 중요하게 본다. 셋째, 신성성의 윤리(the ethics of divinity)는 개개인 안에 신이 깃들어 있어서 개인이 순수하고 성스러운 삶의 태도를 지향할 것을 요구한다[15]. 슈웨더의 기준에서 더 나아간 것이 바로 하이트와 그래엄이 발전시킨 도덕 기반 이론이다. 슈웨더의 공동체의 윤리는 '내집단'과 '권위' 기반으로 나뉘고 신성성의 윤리는 '순수성'의 기준과 같다.

하이트의 도덕 기반 이론은 역사적으로 사회학적 전통과 심리학의 연구 분야를 통합함으로써만 발생한 이론이 아니다. 다섯 가지의 기준은 경험적인 심리학적 연구 배경을 가지고 있다. 예를 들어 공정성의 기준에서는 트리버스의 상호 이타주의 이론이, 내집단 기준에서는 커즈반과 투비 그리고 코스미디스의 동맹에 관한 진화심리학 연구(coalitional psychology)가 배경 이론으로 자리 잡고 있다[15].

하이트가 주장하는 도덕 기반 이론은 기존의 도덕 심리학 연구들의 흐름 중 도덕성의 심리학과 진화를 모두 다룬 가장 최신의 이론이다. 하이트의 다섯 가지 도덕 기반은 지금까지 충분히 연구되어 온 분야들을 그 배경으로 가지고 있다. 또한 이 이론은 도덕성을 내집단, 권위, 순수성 기반을 통해서 바라볼 수 있도록 우리의 인식을 넓혀주는 데 기여했으며, 도덕 기반을 통해서 정치학 등의 인접 사회과학 분야의 현상까지도 설명할 수 있다는 장점이 있다.

그리고 하이트의 이론은 인간 도덕성에 대한 보편성과 다양성을 잘 설명할 수 있다. 인간이 본래적으로 도덕성과 관련된 다섯 가지 기준들을 가지고 있다는 사실은 도덕성의 보편성을 이야기하고, 문화권마다 그리고 개인마다 다섯 가지 기준의 가중치를 다르게 둠으로써 도덕성의 다양성과 상대성을 인정하고 있다. 그는 도덕성을 마치 음향 작업을 할 때 서로 다른 음향효과를 조절하는 이퀄라이저에 비유해서 인간이 모두 '도덕 이퀄라이저'(moral equalizer)를 가지고 있지만 각기 다섯 가지의 레버의 위치를 다르게 조정함으로써 저마

다의 도덕 판단을 수행한다고 주장한다.

하이트는 인간이 도덕 이퀄라이저를 갖추게 된 데에는 집단선택이라는 진화적 힘의 역할이 컸다고 주장한다. 그는 진화상의 거대한 변화로서 도덕성을 갖춘 초유기체적 생물의 진화, 협력을 용이하게 하는 공유된 지향성이라는 인간의 독특한 능력, 유전자와 공진화하는 문화의 역할, 그리고 빠른 속도로 일어날 수 있는 진화의 속도 등을 증거로 들어 인간의 도덕성이 집단 수준의 선택 작용을 통해 나타났다고 주장한다[6].

그러나 최근 들어 진화론적 사고에서 집단의 역할을 좀 더 중요시하는 흐름이 학계에 새로이 대두되고 있다. 이 흐름에 따르면 자연선택은 다차원에서 동시에 작동하며, 때로는 유기체가 모인 집단 간에도 일어난다. 인간의 본성이 집단선택을 통해 형성되었는가 하는 점에 대해서는 나는 무어라 확실히 말할 수 없는 입장이다. 이 논쟁에 관해서는 내가 그 의견을 귀담아 듣는 과학자들이 찬반 양편 모두에 자리하고 있기 때문이다. 그러나 도덕성을 공부하는 심리학자 입장에서는 다차원 선택이 꽤 유용하다고 말할 수 있다. 다차원 선택 개념을 가져오면 인간이 왜 그토록 이기적인 동시에 이집단적인지 그 이유가 설명되기 때문이다[6, 393쪽].

그러나 하이트의 이러한 주장은 마치 도덕 이퀄라이저에 속한 다섯 가지 영역의 도덕성이 모두 집단의 이익을 위해서 진화한 것처럼 상황을 호도하는 측면이 있다. 도덕 이퀄라이저가 집단 수준의 적응이라는 주장은 각각의 도덕 기반에 대해서 진화적 압력이 어느 수준에서 일어났는지를 파악한 뒤에 해도 늦지 않다. 여기서는 이퀄라이저의 하위 요소 중 공정성 기반과 순수성 기반이 어느 수준의 이익

이 되었는지를 살펴보려고 한다.

'공정성' 기반은 트리버스의 호혜적 이타주의를 그 기반으로 하고 있다. 호혜적 이타주의는 개체 수준의 적응으로 나타날 수 있다. 불공평한 상황에서 느끼는 역겨움은 개인의 적합도에 영향을 줄 수 있다. 인간은 주로 배신을 하거나 무임승차를 하는 상대방을 꺼림으로써 개인의 적합도를 높일 수 있었다. 정치적으로 사유주의적 성향을 띠는 사람과 보수주의적 성향을 띠는 사람들 간에 공정성 기반에 있어서는 큰 차이를 보이지 않는다. 집단적 성향이 강한 보수주의자들에게 있어서도 무임 승차자나 배신자는 축출해야 할 대상이기 때문이다. 그러나 공정성 기반이 반드시 개체 수준의 적응으로만 발생한 기반은 아닐 수도 있다. 인간은 무임 승차자나 배신자와 장기적 거래를 하지 않는 방안보다 적극적으로 그들을 처벌하는 성향을 가지고 있다. 그러한 처벌은 비용이 드는 행위이므로 '이타적 처벌'(altruistic punishment)이라고 불린다[16]. 이러한 이타적 처벌은 강한 호혜성의 사례로서 받아들여진다. 인간이 강한 호혜성을 가졌다는 사실은 집단선택론을 지지하는 증거로 채택되곤 한다.172) 이타적 처벌은 공정성에 대한 도덕 판단을 통해서 이뤄진다고 할 수 있는데 이에 따르면 공정성 기반은 집단을 위한 적응이라고 할 수 있다.

'순수성' 기반에 대해서도 먼저 역겨움을 느끼는 것은 개인의 적합도에 유리하다. 썩은 시체나 근친상간을 거부하는 것은 일차적으로 개인에게 도움이 된다. 개인이 이익을 얻었다고 해서 이것이 곧

172) 인간 사회에서는 때론 비혈연에 대한 무조건적인 이타주의가 나타나는 것을 확인할 수 있다. 주로 다자간의 관계에서 공공재의 생산에 헌신을 한다든지 또는 공공재에 헌신을 하지 않는 자를 처벌을 함으로써 개인적인 비용을 들이는 행위들이다. 학자들은 인간의 이러한 이타성을 '강한 호혜성'(strong reciprocity)이라고 표현했다[17, 18, 19].

바로 개체 수준의 적응을 지지하는 것은 아니다. 썩은 음식이나 사체 등의 물리적으로 역겨움을 일으키는 것들은 주로 감염성 질환을 일으켜 왔고, 감염성 질환은 집단에 무임승차자보다도 훨씬 큰 해를 가할 수 있기 때문에 집단을 중요시하는 자들은 이러한 것들에 훨씬 더 역겨움을 많이 느끼도록 진화해 왔다고 할 수 있을 것이다. 즉, 이런 식의 설명이라면 공간적으로 제한되어 있는 곳에 부족처럼 사는 것을 중요시하는 정치적 보수주의자들이 집단 내부의 공평함에 대해서 조금 더 무관심하더라도 순수성에 대해서 강박적인 태도를 가지는 것을 설명할 수 있다. 역겨움을 유발하는 원인은 집단을 한 번에 몰살할 만큼의 파괴력을 지녔기 때문이다.

공정성과 순수성 기반을 살펴본바, 이 두 기반은 모두 개인 수준의 적응으로도 집단 수준의 적응으로도 설명할 수 있었다. 공정성이라는 기반에는 개인 수준의 적응과 그것과는 질적으로 다른 집단 수준의 새로운 적응이 섞여 있는 것일 수도 있다. 또 한편으로는 개인 수준의 적응으로서 공정성에 대한 감각이 나타나고 그것을 집단 수준의 공정성을 지키는 데 사용한 것일 수도 있다. 그 반대의 경우도 가능하다. 즉, 여기서 내리고자 하는 결론은 도덕성의 선택 수준을 논하기 위해서는 다섯 가지 도덕 기반들 각각을 확대해서 들여다봐야 한다는 것이고, 도덕 기반들이 집단 수준의 강한 선택을 통해서 탄생했다고 생각할 만한 충분한 근거가 아직은 없다는 것이다.

선택의 수준에 관한 문제 말고도 하이트의 주장은 몇 가지 심각한 문제에 봉착할 가능성이 있다. 우선 보편적인 도덕성 메커니즘이 우리의 마음에 내재되어 있다는 주장은 마치 도덕성을 다루기 위한 내부의 모듈이 존재하고 있다는 주장으로 들리기 때문이다. 하이트는 각각의 다섯 가지 기반이 서로 통합된 모듈 구조를 이뤄야 했던 원인을 진화적 역사에서 찾아낼 수 있어야 한다. 도덕 기반으로서 왜 순수성 기반이 만들어졌는지를 설명하는 것조차도 쉽지 않은데 다섯 가지의 기반이 함께 통합되어 하나의 도덕성 메커니즘을 형성함을 설명하는 것은 요원한 일일지도 모른다.

또 다른 문제로는 하이드의 도덕 기반 이론이 우리가 알고 있는 한에서는 도덕성의 영역을 포괄적으로 다루고 있다 하더라도, 우리가 알지 못하는 새로운 도덕성의 기반이 발견될 가능성은 얼마든지 있다는 것이다. 게다가 추가적인 도덕 기반이 없다 하더라도 이러한 도덕 기반의 어떤 근거를 가지냐는 것도 또 다른 문제점이다. 개개의 도덕 기반 이론은 배경 이론들을 가지고 있지만 도덕성을 다섯 가지로 나누는 것에는 어떠한 배경이론도 존재하지 않는다.

5. 도덕성의 발달적 측면

지금까지 소개한 현대 도덕 심리학의 중요한 두 이론인 이중 과정 이론과 사회적 직관 모형은 모두 도덕적 판단에만 초점이 맞춰져 있다. 그러나 현실 세계에서 우리는 도덕적 딜레마 상황을 설문지를 통해서 겪는 것이 아니다. 우리는 현실에서 권위에 맞서 공정함을 추구해야 할지, 내집단을 위해서 다른 집단의 개인에게 위해를 가해도 되는지를 고민하고 실제로 선택해야 한다. 어떤 집단이 도덕적 판단은 내리지만 그와 반대의 비도덕적 행동을 일삼는다면 그러한 집단은 도덕성을 갖추고 있다고 보기 힘든 것처럼, 도덕성에 있어서 도덕적 행위와 판단은 별개로 다뤄져야 한다. 도덕적 행위의 중요성과 판단과 행위의 불일치를 주로 연구한 또 하나의 도덕 심리학 연구를 살펴보자.

도덕성은 한 사람의 자아 정체감에 중요한 역할을 담당하고 있다. 연구자들은 이것을 도덕 정체성(moral identity)이라고 부른다[20, 21]. 사람들은 자신이 어떠한 사람인지에 관해 생각할 때 반드시 도덕적 특성들에 대해서 고려한다. 이렇게 도덕성과 통합된 자아를 도덕 자아(moral self)라고 부른다. 기존의 도덕 발달에 관한 연구는 인지적인 도덕 판단 및 도덕 추론에 무게 중심이 있었다. 도덕 추론에 기반을 둔 도덕 판단은 어떤 행위가 [올바르]고 그른지를 가려내는 것이다. 그리고 그러한 인지적 능력이 개인의 발달 과정 속에서 언제 어떻게 습득되는지를 밝혀내는 것이 인지발달심리학적 연구의 주된 관심사였다. 그러나 개인이 내리는 도덕 판단과 항상 같은 방향으로 실제 도덕적 행위가 일어나는 것은 아니다. 사람들은 많은 경우에 자신이 내린 도덕 판단으로부터 이탈하는 경우가 발생한다. 이러한 현상은 도덕 판단에 대한 연구만으로는 해명할 수 없게 되었고, 도덕 자아는 도덕 판단과 도덕적 행위 사이의 이러한 불일치를 설명하는 데 적절한 개념으로서 받아들여지고 있다[22].

도덕 판단은 상황과 맥락의 영향을 최소한으로 배제하고 행위 자체의 [올바르]고 그름을 판단하는 작업이다. 그렇기 때문에 대상이 되는 행위는 그 단일한 행위에 초점이 맞춰지는 단일성을 지님과 동시에 [올바름]의 범주나 그름의 범주 둘 중에 하나로 포함되는 이분법적 특성을 지녔다. 반면, 실제 도덕적 행위는 다양한 상황과 맥락이 중요한 변수로 존재한다. 초점의 대상이 되는 특정 행위는 그 이전의 행위 및 미래의 행위와도 긴밀하게 연결되어 있다. 또한 사람들은 행위가 불러올 결과의 심각성과 함께 결과가 가져다줄 이익도 함께 고려한다. 따라서 도덕적 행위는 단일한 사건으로 고려되는 것도 아니며 [올바르]고 그름의 문제로 명확하게 나누어지지도 않는다[22].

사람들은 자신의 어린 시기에서부터 도덕성과 자아를 통합시켜 도덕 자아의 개념을 가지고 있다. 사람들은 이렇게 형성된 도덕 자아를 지키기 위해서 노력한다. 어느 정도 수준에서 도덕 자아를 유지할 것인가에 대해서는 사람마다 발달 과정에서의 차이 및 개인차가 존재할 수 있다. 그리고 그들은 자신의 도덕 정체성을 지키기 위해서 넘어서는 안 될 수준을 가지고 있는 것처럼 보인다. 그러나 그 수준 위에 포함되는 도덕적 행위는 설령 그 행위를 도덕적으로 그르다고 판단함에도 불구하고 실제로 행할 수 있는 가능성이 있다. 이것이 위에서 언급한 도덕 판단과 도덕적 선택 사이의 불일치가 일어나는 이유라고 할 수 있다. 사람들은 자신의 도덕 정체성을 심각하게 훼손하지 않는 한 [올바르]지 않다고 판단한 행위도 충분히 행할 수 있다.

도덕적 행위의 도덕 판단으로부터의 이탈 가능성은 도덕적 행위를 개인의 역사 속에서 서로 연결되어 있는 것으로 이해했을 때 더욱 선명해진다. 도덕 판단의 영역에서는 [올바르]고 그름이 명확히 나뉘는 단일한 사건이었지만, 실제 도덕적 행위를 할 때에는 맥락에 의존적이고 [올바르]고 그름의 연속적인 스펙트럼상에 존재하는 사건처럼 인식된다. 니산(M. Nisan)은 이렇게 시공간에서 벌어지는 도덕적 행위들을 연결하는 역할을 바로 도덕 자아가 수행한다고 주장한다[22]. 도덕 자아는 도덕 판단의 대상이 되는 단일한 행위들을 꿰는 실과도 같다. 내가 이전에 도덕적 행위에서 어떻게 했느냐는 현재 어떠한 도덕적 선택을 할지에 영향을 준다. 예를 들어 이전에 행한 도덕적 행위는 현재 비도덕적 행위에 대한 면죄부로서 작용한다. 또한 과거에 행했던 비도덕적 행위는 현재 도덕적 행위를 하게 하는 동기를 제공한다.

자신의 도덕 정체성을 지키려고 하는 것이 인간이 도덕적 완벽을 추구하는 존재임을 함축하지 않는다. 사람들은 도덕적 완벽보다는 자신의 수준을 안정적으로 유지하는 것을 목표로 한다. 물론 사람에 따라서 긴 시간에 걸쳐서 도덕적 완벽을 향해 나아갈 수도 있고 점점 더 도덕적 타락에 가까워져 가는 사람이 있을 것이다. 그러나 사람들은 그보다는 짧은 시간 간격 안에서 각자가 가지고 있는 도덕 정체성의 수준을 일정하게 유지한다.

실제로 도덕 정체성의 균형을 맞추려는 시도가 다양한 형태로 나타날 수 있음이 입증되었다[23]. 먼저 과거의 도덕적 행위는 그 행위를 한 사람에게 '도덕적 자격'(moral credentials, moral licensing)을 부여한다. 도덕적 자격을 받은 사람은 미래에 도덕적 행위를 해야 할 의무로부터 자유로워지게 된다. 두 번째는 '도덕적 반감'(moral resentment)이다. 보통 도덕적 행위를 자주 하는 사람은 존경을 받게 된다. 하지만 어떤 사람이 자신은 특정 행위가 비도덕적이지 않다고 생각하여 그 행위를 행하였는데, 상대방은 그 행위가 비도덕적이라는 이유로 그 행위를 하지 않는다면, 그 상대방은 그 행위를 행한 자의 도덕 정체성을 훼손하게 된다. 따라서 도덕 정체성을 훼손당한 사람은 높은 도덕적 기준을 가지고 있는 사람에 대한 반감을 나타낸다. 도덕 정체성의 균형을 맞추려는 마지막 시도로서 과거의 도덕적이지 못한 행위는 미래에 그러한 손실을 보전하기 위한 노력과 연결된다. 이것은 '도덕적 보상'(moral compensation)이라고 불리는 과정이다. 그러나 과거의 비도덕적 행위에 대한 보상이 반드시 도덕적 행위일 필요는 없다. 도덕성은 자아에 큰 역할을 하지만 자아에는 도덕성 외에 다른 영역들도 있기 때문에 자아의 다른 부분을 통해서도 보상이 가능하다[23].

모닌(B. Monin)과 조딘(A. H. Jordan)이 제시한 도덕 정체성의 균형을 맞추려는 세 가지 형태의 시도 중 도덕적 반감은 다른 두 가지 형태에 비해서 모호한 측면이 있다. 도덕적 자격이나 도덕적 보상은 실제 자신이 과거에 했던 행위의 영향을 현재에 적극적으로 상쇄시킴으로써 도덕 정체성을 유지시키는 것을 말한다. 반면, 도덕적 반감은 타인의 높은 도덕적 기준이 자신의 도덕 정체성을 위협하는 상황에서 일어나는 감정적 반응이다. 도덕적 반감은 우리의 도덕 정체성이 자신이 정한 기준에만 의해서 결정되는 것이 아니라 주변에 있는 다른 사람들의 도덕 정체성에 따라서 변할 수 있는 상대적인 개념임을 말해 주고 있다. 그렇다면 우리 주변은 타인으로 가득 차 있기 때문에 타인의 도덕적 기준에 의해서 자신의 도덕 정체성이 위협되는 상황이 상당히 많이 발생해야 할 것이다. 하지만 꼭 그렇지는 않다. 도덕적 반감은 같은 도덕 판단의 상황에서 타인은 어떤 행위를 하지 않고 나는 그 행위를 했을 때 그리고 동시에 타인이 그 행위를 하지 않은 이유가 비도덕적이기 때문일 때 일어난다. 즉, 일반적인 상황에서 타인이 행위를 행한 이유를 알리는 경우는 많이 없기 때문에 도덕적 반감은 빈번하게 발생되지는 않는다. 예를 들어 자신은 고기를 즐겨 먹는데 채식주의자인 어떤 사람이 자신은 육식이 비도덕적이어서 하지 않는다고 한다면 도덕적 반감이 일어날 수 있지만 단지 자신은 육식을 선호하지 않는다고 한다면 도덕적 반감을 불러일으키지 않을 것이다.

도덕적 반감의 또 한 가지 모호한 측면은 바로 이 반응이 감정적이라는 것이다. 도덕적 자격이나 도덕적 보상은 적극적으로 균형을 맞추기 위한 행위를 수반한다. 그러나 높은 도덕적 기준을 가진 타인에 대한 반감이 상대적으로 낮아진 자신의 도덕 정체성을 회복시켜 줄지는 미지수이다. 도덕적 반감을 일으키는 상황이 타인과의 비교를 통해서 일어나는 상대적인 특성을 가졌음을 감안한다면 적극적으로 균형을 맞추려는 행위까지는 필요가 없을지도 모른다. 자신의 도덕적 기준을 상대적으로 낮게 만든 상대방을 꺼려하게 해서 그 사람과 상호작용을 피하게 만드는 것은 그에게 반감을 느끼는 것만으로도 충분하다.

모닌과 조던 이전에 니산은 바로 위에서 세분화한 세 가지 과정과 일관되어 보이는 주장을 도덕 균형 모형(moral balance model)이라는 이름으로 소개했다[22]. 도덕 균형 모형은 다양한 경험적 증거들을 통해서 지지되고 있다[24, 25]. 하지만 이 모형에 도덕적 반감을 포함시킬 수 있느냐는 아직 단정 지을 수 없는 부분이다. 도덕적 반감 또한 사람들에게서 나타나는 분명한 현상이고 증거들도 많이 있지만, 앞서 언급했듯이 도덕 균형 모형 가설에 완벽히 부합하는지에 대해서는 의문점들이 있기 때문이다. 반면, 도덕적 자격과 도덕적 보상은 개인이 자아의 도덕 정체성을 유지하려고 한다는 도덕 균형 모형 가설에 잘 부합한다.

6. 도덕 심리학의 규범윤리학적 함의

그렇다면 지금까지 간략하게 살펴본 현대 도덕 심리학은 기존의 윤리학에 어떤 함의를 가지는가? 이 질문은 크게 두 부분으로 나뉜다. 하나는 현대 도덕 심리학의 규범윤리학적 함의에 관한 것이고, 다른 하나는 메타윤리학적 함의에 관한 것이다. 여기서는 그린의 이중 과정 이론의 윤리학적 함의를 중심으로 이 질문에 답해 보고자 한다.

트롤리 딜레마의 레버 사례와 육교 사례를 다시 보자. 피험자의 다수가 각각의 경우에 레버를 당기려는 판단과 뚱뚱한 남자를 떠밀지 않으려는 판단을 한다는 실험 결과로부터, 그리고 그러한 판단이 일어나는 순간에 뇌에서 각각 vmPFC와 DLPFC가 활성화된다는 결과로부터, 그린이 도출해 낸 결론은 도덕 판단은 즉각적인 감정적 직관과 숙고적인 이성적 판단이라는 '이중과정'을 통해 일어난다는 것이었다. 그의 카메라 비유대로라면 감정적 직관은 자동 모드(automatic mode)에 이성적 판단은 수동 모드(manual mode)에 해당된다고 할 수 있다. 이런 견해는 일차적으로 사실에 관한 기술적 진술들이다. 따라서 흄과 무어가 밝혔듯이, 이 기술적 진술들만으로 어떤 규범을 직접적으로 도출하는 것은 자연주의적 오류다. 그렇다면 이중과정 이론은 윤리학과 아무런 관련이 없단 말인가?

흥미롭게도 그린은 자신의 이론이 자연주의적 오류를 범하지 않으면서 어떻게 규범 윤리학과 관련을 맺고 있는가를 명시적으로 밝히고 있다. 그의 주장은 크게 두 가지다. 이중과정 이론이 사실이라면, (i) 도덕적 직관에 기초한 규범을 주장해서는 안 된다. (ii) 의무론보다 결과주의가 더 나은 규범 윤리 이론이다[2, 5].

첫 번째 주장에 대해 그가 내세우는 논변은 다음과 같이 재구성될 수 있을 것이다. 육교 사례에서 뚱뚱한 남자를 떠밀어서는 안 된다는 피험자 다수의 판단이 감정적 직관에 의한 것이고, 그 직관은 '도덕적이냐, 아니냐'(moral or nonmmoral)에 직접적인 관련이 있는 요소가 아니라 '사람이 개입된 사례냐, 아니냐'(personal or nonpersonal)에 관련된 요소에 자동적으로 작동하게끔 (자연선택에 의해) 설계된 적응이기 때문에, 감정적 직관에 근거해서 도덕 판단을 해서는 안 된다. 여기서 핵심은 도덕적인 것과 상관이 없는 요소에 자동적으로 반응하는 직관은 때로 잘못된 도덕 판단을 낳는다는 그의 논변일 것이다.

그에 의하면, 레버의 경우와 마찬가지로 육교의 경우에도 올바른 도덕 판단은 하나를 희생하더라도 다섯 사람을 살리는 행위다. 그리고 더 나아가 그는 이런 규범이 피험자의 몇 퍼센트가 다른 판단을 하는가와 무관하며, 심지어 (잘못된) 판단을 한 피험자를 재교육하여 얼마나 올바른 판단을 할 수 있게 할 수 있는가와도 무관하다는 듯이 말한다.

그렇다면 과연 이런 그의 주장은 정당한가? 우선 다음과 같은 비판이 가능할 것이다. '사람의 개입' 여부가 도덕적 요소인지의 여부와 정확히 늘 일치하는 것은 아니지만 대체로 잘 일치하기 때문에 도덕적 직관에 기초한 규범을 주장해서는 안 된다는 주장은 지나치다. 좀 더 온건하게 수정하여 '대체로 도덕적 직관에 기초한 규범을 따르라'고 제안할 수 있을 것이다. 다른 한편으로 도덕적 직관의 발견법적 측면을 내세워 '도덕적 직관에 기초한 규범을 우선적으로 고려하라'는 정도로 주장을 완화해 볼 수도 있을 것이다.

진화론적 관점에서 보면, 이런 불일치는 현대가 진화적 적응 환경(EEA)에서 벗어나 있기 때문에 발생하는 시간 지체 또는 비적응적 적응(nonadaptive adaptation) 현상이라고 할 수 있다. 이런 불일치들은 인지 영역에서 존재한다. 그런데 중요한 점은 이런 불일치가 도덕 판단에서 얼마나 빈번하게 일어나는가이고 이것은 경험적 문제라는 사실이다. 하지만 그린은 이 경험적 질문에 답하지 않은 상태에서 '감정적 직관을 믿어서는 안 된다'는 단선적 주장을 하고 있다. 더 흥미로운 질문은 '어떤 상황에서 직관에 어느 정도 의존해서 도덕 판단을 해야 할까'라는 것일지 모른다.

이중과정 이론이 규범 윤리학에 던지는 두 번째 함의는 '의무론(deontology) 대 결과론(consequentialism)'이라는 규범 윤리학의 영속적 논쟁과 직접적으로 관련이 있다. 간단히 말해 그린은 자신의 도덕 심리학 이론이 결과론을 더 지지한다고 주장한다. 이것은 앞서 비판적으로 검토된 첫 번째 함의와도 관련을 맺고 있긴 하지만 두 라이벌 규범 윤리학의 우열을 가리는 맥락이라는 측면에서 한 차원이 더 높은 논의(메타 규범 윤리학)라 할 수 있다.

이중과정 이론이 결과론(또는 공리주의) 손을 들어 준다는 그의 주장은 다음과 같은 논변으로 구성되어 있다. 의무론은 도덕적 직관(자동 모드)의 직접적 발현이거나 그 직관의 사후 정당화를 규범화한 것인 반면, 결과론은 이성적 판단(수동 모드)을 통한 의식적 숙고를 규범화한 것이기 때문에, 육교 사례에서 볼 수 있듯이 의무론은 결과론과는 달리 때로 실패한다. 그는 여기서도 육교 사례에서 올바른 규범은 결과론적 규범이라는 사실을 전제하고 있는 듯하다. 하지만 이것은 결과론의 우위를 이미 전제하고 있는 것이지 입증하고 있는 것은 아니라 할 수 있다. 육교 사례에서 올바른 규범은 결국 결과론이라고 모든 사람들이 다 동의할 것이라고 기대할 있는가? 물론 결과적으로 그런 대답이 [옳을] 수도 있다. 하지만 이 질문은 경험적 탐구이다. 다양한 문화권에서 육교 문제에 대해 어떤 일차적 반응을 보였는지, 그리고 그들이 사후에 모두 육교 사례를 공리주의적으로 해석하는 것이 더 올바른 판단이었다고 동의하는지는 철저히 경험적 문제인 것이다.

여기서 우리는 한 가지 흥미로운 점을 지적하고 넘어갈 필요가 있다. 그린의 이중 과정 이론은 이중 규범 이론이 아니라는 사실이다. 그는 결코 규범의 이중성이나 다원주의까지는 나아가지 않는다. 그래서 우리는 표면적으로 그가 이중과정이라는 기술적(descriptive) 측면의 발견에서 시작하여 공리주의로 나아가는 듯이 보이지만, 실제로는 공리주의의 우월성을 전제한 후에 이중과정 이론을 연결시키고 있는 것은 아닌지 의심하고 있다.

우리는 이런 그의 편향이 마음의 구조(architecture of mind)에 대한 그의 견해와도 밀접한 연관이 있다고 생각한다. 그의 두 모드 논의는 진화심리학자들의 대량 모듈성(massive modularity) 논제보다는 오히려 마음의 이중 구조(modular · central nonmodular)를 주장하는 (Fodor)류의 모듈성과 더 유사해 보인다. 좀 더 엄격히 말하자면, 그는 도덕성 발현 과정의 이중 루트를 이야기하기 때문에 '도덕성 모듈'(morality module) 자체를 주장한다고 보기도 어렵다. 어쨌든 그가 전제하고 있는, 또는 지지하고 있는 마음 구조 이론과 그의 이중과정 이론이 어떤 경험적 관련과 논리적 연관을 가지고 있는지를 면밀히 검토해 보는 작업도 매우 흥미로울 것이다.173)

7. 나오며

지금까지 우리는 도덕성의 심리, 진화, 발달에 대한 최근 연구들을 비판적으로 정리해 보았다. 먼저 그린의 연구는 도덕적 딜레마 상황에서 공리주의와 의무론으로 대표되는 규범윤리학적 도덕 원리가 이성과 감정의 심리 메커니즘을 통해 설명될 수 있는 기능성을 보여 주었다. 그의 이중과정 이론은 공리주의적 판단을 감정적인 과정으로, 의무론적 판단을 이성적인 과정으로 보았던 기존의 견해를 완전히 바꾸었다.

하이트의 사회적 직관 모형은 이중과정 이론과는 달리 도덕 판단에서 이성의 역할을 판단 이후의 과정으로 축소시켰다. 또한 하이트는 집단선택론이라는 이론적 배경을 통해서 도덕성의 기능과 범위를 제시하고 그것을 통해 자신의 사회적 직관 모형을 뒷받침하고자 했다. 하지만 도덕 판단 메커니즘을 밝히는 실험을 설계하는 일은 추후 도덕 심리학의 과제로 남아 있으며 그 과정에서 도덕성의 진화도 함께 고려되어야 할 것이다.

그리고 도덕 균형 모형은 도덕 판단만을 다루는 도덕성 연구의 한계를 지적하고 실제 도덕 행위와 판단의 관계에 대한 설명을 내놓았다. 도덕적 판단과는 다르게 도덕적 행위는 개인의 과거의 도덕적 행위의 역사와 밀접하게 연결되어 있다. 마지막으로 도덕 심리학적 연구가 기존의 규범윤리학 논쟁에 던지는 함의는 그리 단순하지 않으며, 근본적으로 과학과 가치의 이분법 문제에 깊이 연동되어 있다.

173) 그렇다면 이중 과정 이론은 메타윤리학적으로는 어떤 함의를 가질까? 그린은 이중 과정 이론이 도덕 실재론(moral realism)보다는 도덕 반실재론을 더 지지한다고 주장한다. 그의 논변은 실재론에 대한 진화론적 반론과 매우 유사하며, 진화론이 실재론을 지지한다고 보기는 어렵다.

<예시 3> 포스트휴먼 시대의 로봇윤리: 좋은 로봇, 나쁜 로봇, 이상한 로봇 / 김건우[174)]

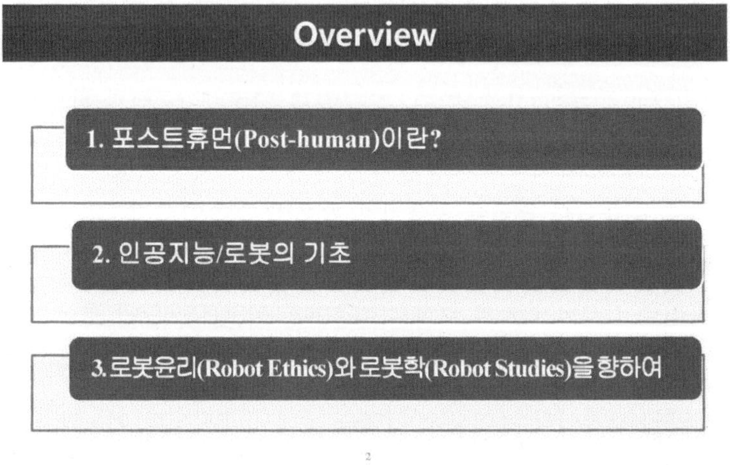

Overview
1. 포스트휴먼(Post-human)이란?
2. 인공지능/로봇의 기초
3. 로봇윤리(Robot Ethics)와 로봇학(Robot Studies)을 향하여
2

174) 이 자료는 '광주과학기술원 2016년 4월 29일 심포지엄: 미리 보는 인공지능과 로봇의 세상'의 부분임; 발표자 김건우 교수의 허락을 얻어 자료를 사용함.

1. 포스트휴먼이란?

포스트휴먼(Posthumans)과 포스트휴머니즘(Posthumanism)

포스트휴먼 (Posthumans)	• 인간 이후의 인간 • 인간이 호모 사피엔스를 더이상 대변할 수 없을 정도로 철저히 변화되어 이제는 인간이 아닌 존재
포스트휴머니즘 (Posthumanism)	• 계몽주의의 자아-세계 간 이원론적 휴머니즘의 패러다임을 벗어나고자 함 • 휴머니즘을 비판하며, 그것을 대체하는 새로운 인간구성의 패러다임을 찾고자 함 • 사물 간 존재론적 무차별로 나아감: 인간-사물/기계 간의 구별 해체 등

4

포스트휴먼 기술, 그 다양한 양상

각종 HE(인간향상; Human Enhancement) 기술에 따라

- 유전적/약물적/기계적 향상; 인간 본성의 직접적, 침습적(invasive) 변화

BCI (Brain-Computer-Interaction)/HCI 기술에 따라

- 인간-기계 간의 연결 → 인간의 범위 확대; 인간 본성의 변화 (침습&비침습)

사물인터넷(IoT; Internet of Things) 기술에 따라

- 사람, 사물, 데이터, 공간 등 모든 것이 연결 (예: 헬스케어, 원격의료, 스마트카, 스카트 홈 등)→인간의 범위 확대; 인간-사물의 경계 소멸 → 인간 본성의 간접적, 비침습적 변화

각종 자동화 기기, AI, Robotics, Humanoid 기술 등에 따라

- 자율주행자동차 등 → 인간의 활동(학습, 노동, 공감, ...)을 기계/로봇이 대체 → 인간과 기계가 연결, 공존

5

포스트휴먼 과학기술의 현재와 미래

- 오늘날 **인지과학, 뇌신경과학, 유전공학, 인공지능/로보틱스, 정보통신기술(ICT)** 등 포스트휴먼 기술 발전

→ 인간을 둘러싼 물리적, 생태적 환경 급변

→ 인지, 정서, 신체 등의 면에서 인간의 제조건 재설계

(예: 빅데이터, 클라우드컴퓨팅, 3D프린팅, 사물인터넷(IoT), 웨어러블 디바이스, 휴먼로봇인터페이스(HRI), 모바일 헬쓰케어 등)

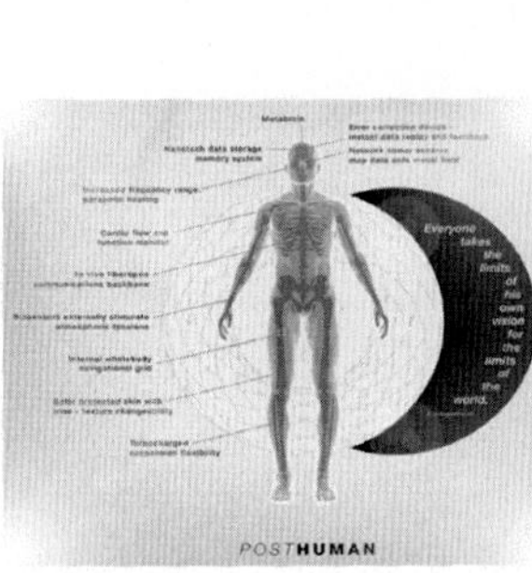

6

포스트휴먼 과학기술시대의 인간가치와 문명의 전환

- 이러한 기술적 변화는 **인간의 본성(→정의) 자체가 변화함**을 의미
- 이러한 인간상(像)의 변화는 인간의 사회적, 문화적 모습을 변화시키며, 궁극적으로 인간의 자기이해를 변화시킴 → 인간이 세계를 변화시키는 주체일 뿐 아니라 스스로 변화되는 객체이기도 함 → 인간중심의 세계상 및 문명 변화
- 정신세계와 물질세계 간의 구분 해체; 인간과 기계 간의 구분 해체; 물리적 현실과 가상현실 간의 구분 해체 전망 → 인간과 기계 간의 상호작용/공존 과제 대두
- 인간 문화, 가치규범, 제도(정치, 경제, 종교, 도덕, 정책, 법)도 큰 변모 불가피
- 인간은 행위주체로서 더이상 근대적 의미의 자율적, 이성적 존재이기 어려움
- 각별한 변화의 현실을 확인하고 다가올 미래의 전망을 짚어보고, 지속가능한 기술모델의 본성을 모색하는 일은 **매우 시급한 인류공동의 아젠다!**

7

포스트휴먼 사회의 전망: 유토피아? 디스토피아?

- 근본적인 인간향상이 가능할 경우, 인간본성(인간의 정의) 또한 근본적으로 변화할 가능성이 있음!

→ 이 경우, 인간사회의 모든 제도, 규범 등의 급격한 변화가 불가피! (권리/의무의 변동?)

→ 그런 세상은 유토피아(Utopia)인가, 디스토피아(Distopia)인가?

Q. 당신의 선택은?

8

2. 인공지능/로봇의 기초

인공지능이란 무엇인가?

정의

- Intelligence exhibited by machines or software;
- 인간의 학습, 추론, 지각, 자연언어 이해능력 등을 컴퓨터 프로그램으로 실현한 기술

접근법들

- 자연언어처리
- 전문가시스템(expert system)
- Computer vision (영상 인식); 음성인식
- 신경망(neural network); 딥러닝(deep learning)

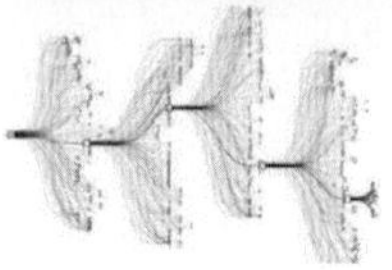

인공지능 기술의 현황

퀴즈 챔피언

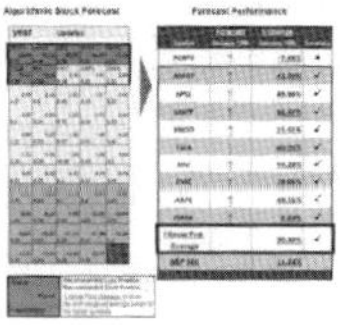

증권거래

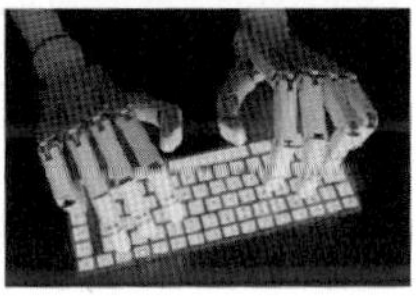

뉴스기사 작성 및 소설/시 창작

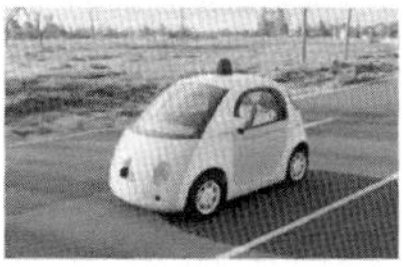

자율주행자동차

게임(바둑) 챔피언

질병(암) 진단

14

인공지능 기술의 현황

✓ 인공지능이 작곡한 음악:
https://www.youtube.com/watch?v=CgG1HipAayU

✓ 인공지능이 그린 그림:
http://news.naver.com/main/read.nhn?mode=LPOD&mid=tvh&oid=052&aid=0000814436

15

인공지능 기술에 대한 투자

16

최근 인공지능 기술 발전의 배경

- 세부 방법론에서의 성공
- 기계학습(Machine Learning) 기술
- 컴퓨터 비전(Computer Vision) 기술
- 막강한 연산력(computing power)!
- 빅데이터(Big Data)/클라우드 컴퓨팅 (Cloud Computing)
- 사물인터넷(Internet of Things)
- 거대기업들의 막대한 투자

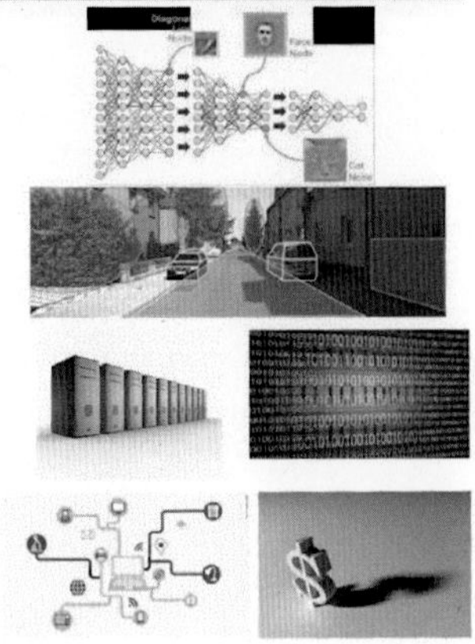

17

인공지능 발전에 대한 우려

18

초(超)지능(Superintelligence)의 전망

- 범용 인공지능(Artificial General Intelligence): Self-improvement!
- 인체라는 제약이 없는 인공지능:
- 속도/병렬처리/기억용량 획기적 증가 가능 → 초지능
- 완전히 자율적이고 독립적인 인공지능: 인간의 지능을 훨씬 능가!
- 그 결과는 예측 불가! 인류에 대재앙이 될 수도!

19

로봇이란 무엇인가?

로봇의 정의

- Mechanical or virtual artificial agent, usually an electro-mechanical machine that is guided by a computer program or electronic circuitry.
- 지각, 사고, 행동 요소를 갖춘 기계

'로봇' 명칭의 유래

- Czech어(語) 'robota(일하다)'의 변형
- Czech의 작가 Karel Čapek의 연극 R.U.R.(Rossum's Universal Robots)에서 처음 등장
- "사람을 대신해 일을 해 주는 존재"

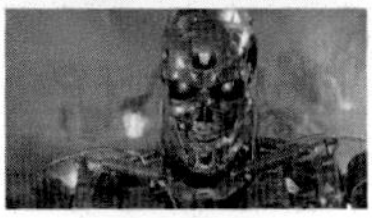
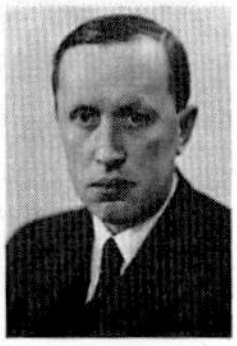

20

로봇의 종류 (형태에 따라)

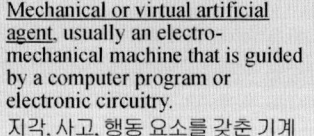

- **Humanoid**: 인간을 닮았지만 인간과 구별되는 로봇

(예: Honda의 Asimo; KAIST의 Hubo; RoMeLa의 Charli-II)

- **Android**: 인간과 구별되지 않을 정도로 닮은 로봇
- **Cyborg**: 생물체의 뇌나 장기를 기계로 바꾼 것
- **Disembodied AI**(몸체가 없는 인공지능): Watson, AlphaGo, …

21

로봇의 종류 (용도에 따라)

[표 1] 로봇의 용도별 분류

대분류		중분류
산업용 로봇		자동차 제조용 로봇 전자제품 제조용 로봇 조선제조 및 관리용 로봇 자율형 제조용 로봇 기타 제조용 로봇
서비스 로봇	개인서비스 로봇	가사 지원 로봇 활동 및 건강 지원 로봇 에듀테인먼트 로봇 문화체험 서비스 로봇
	전문서비스 로봇	의료 복지 로봇 군사용 로봇 사회 안전 로봇 극한 로봇 산업 지원 로봇

(자료 : LG경제연구원(2014. 1. 1))

22

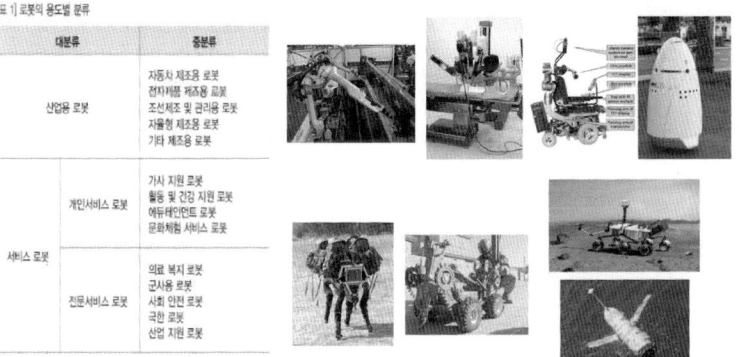

이하 기본 가정: "인공지능:로봇 = 두뇌:몸통"

인공지능과 로봇 간의 포함관계

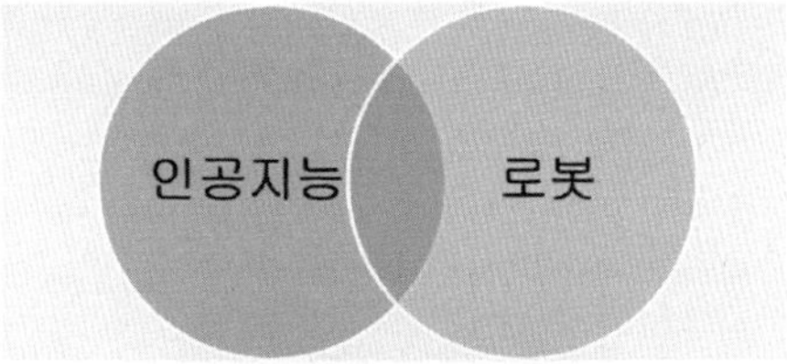

인공지능: 로봇 = 두뇌: 몸통

23

3. 로봇윤리(Robot Ethics)와 로봇학(Robot Studies)을 향하여

윤리학(좁게는 규범윤리학(Normative Ethics))이란?

✓ (규범)윤리학:

- **의의**: "좋음/옳음/선함" 등에 관한 도덕상의 규범 자체를 찾고 제시하려는 탐구
- **핵심 문제**: 우리는 어떤 행위를 해야 하는가, 어떻게 살 것인가, 어떤 사람이 되어야 하는가 등;
- **예**: "살인해서는 안 된다", "거짓말 해서는 안 된다", "가난한 사람을 도와야 한다" …

*이하 기본 가정: 윤리 ~ 도덕

25

로봇윤리(Robot Ethics)란?

✓ 로봇윤리:
인공적 행위자(artificial agent)로서의 로봇에 관한 윤리

→(i) 로봇이 가져야 할(로봇에 부여되어야 할) 윤리 및 (ii) 로봇을 대하는 인간의 윤리 등을 포괄;

→결국, 인간이 하는 행위이건, 로봇이 하는 행위이건, 그것이 어떻게 하면 윤리적일 수 있는가를 탐구하는 것

26

로봇윤리의 여러 차원

- 로봇을 갖고서 인간이 하게 될 행위의 윤리 — **Agent** = 인간
- 인공적 도덕 행위자로서의 로봇 자신이 갖는 윤리
- 로봇 설계자 및 제작자(제조업체)의 윤리
- 로봇 운용자/사용자의 윤리
  - (위 세 항목) 로봇이 가진 / 로봇에 부여된 / 로봇에 사용된 윤리 : **Agent** = 로봇
- 인간(일반)이 로봇을 대하는 윤리

27

로봇 ~ 컴퓨터 시스템
~ 인공적 도덕 행위자
(AMA; Artificial Moral Agent)

로봇이 가진 /
로봇에 부여된 /
로봇에 사용된
윤리
: Agent = 로봇

↓

공학적으로 설계된 시스템들은 이제 의사결정을 할 수 있는 시점에 와 있고, 이로 인해 인간의 삶은 큰 영향을 받을 뿐 아니라, 최악의 경우 심각하게 부정적인 결과에 직면할 수 있다. (Wallach & Allen 2009)

28

로봇윤리의 주요 질문들

Q. 도덕적 로봇(AMA)을 만드는 일은 가능할까?

Q. 좋은/착한(도덕적) 로봇과 나쁜(비도덕적) 로봇은 어떻게 다른가?

Q. 인간은 나쁜 로봇이나 이상한 로봇의 출현을 막을 수 있는가?

Q. 인간은 로봇(좋은 것이건 나쁜 것이건)과 더불어 어떻게 살아가야 하는가?

Q. 나쁜/이상한 로봇의 행위로 인한 사고나 피해 발생시 (도덕적/법적) 책임은 어디에 있는가? → 로봇법학(Robot Law)

→ 어떤 로봇 윤리를 추구할 것인가?

29

좋은(착한) 로봇, 나쁜 로봇, 이상한 로봇

30

좋은(착한) 로봇

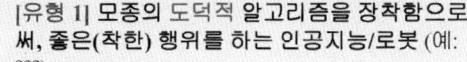

- [유형 1] **모종의** 도덕적 **알고리즘을 장착함으로써, 좋은(착한) 행위를 하는 인공지능/로봇** (예: ???)
- 미 육군, 윤리적 전투로봇 개발: 원격 조종 → 자동화 시스템
- 현재까지 구현된 바는 없으나, 가능성을 배제할 수 없음
- 어떤 내용의 도덕 알고리즘을 장착하느냐가 관건!

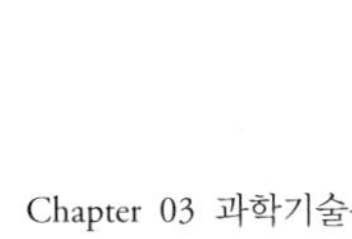

31

좋은(착한) 로봇

- [유형 2] **기계학습을 통해 좋은(착한) 행위를 학습함으로써, 좋은(착한) 행위를 하는 인공지능/로봇 →** 인간을 이롭게 함 (예: ???)
- 통상의 환경은 좋은(착한) 행위/사람, 나쁜 행위/사람을 모두 포함하며, 인간의 도덕성은 불완전하고 불안정함
- 기계학습의 방법론적 특성상, 통상적 환경 속에서의 기계학습을 통해 좋은 (착한) 로봇으로 발달한다는 보장이 없음
- 결국 어떤 내용의 (윤리적/비윤리적?) 데이터를 학습하느냐가 관건!

32

도덕 알고리즘으로서, Isaac Asimov의 로봇 3 원칙은 어떤가?

(1) 로봇은 (자신이 어떤 행동을 함으로써) 인간에게 해를 입히거나, 혹은 어떤 행동을 하지 않음으로써 인간이 해를 입도록 해서는 안 된다. → **해악금지의 원칙**

(2) 로봇은 인간이 내리는 명령에 복종해야 하며, 단 이러한 명령들이 첫 번째 법칙에 위배될 때에는 예외로 한다.
→ **명령복종의 원칙**

(3) 로봇은 자신의 존재를 보호해야 한다. 단 그러한 보호가 첫 번째와 두 번째 법칙에 위배될 때에는 예외로 한다.
→ **자기보호의 원칙**

33

도덕 알고리즘으로서, 일반적 도덕 이론들은 어떤가?

- (1) Utilitarianism (공리주의/결과주의)
- (2) Libertarianism (자유지상주의/완전자유주의)
- (3) Kantian Moral Philosophy (칸트 도덕철학/의무론)
- (4) Social Contract Theory (사회계약론: Rawlsian, ...)
- (5) Justice as a Civic Virtue ((미)덕이론)

34

어떤 도덕 알고리즘으로도 피할 수 없는 윤리적 딜레마

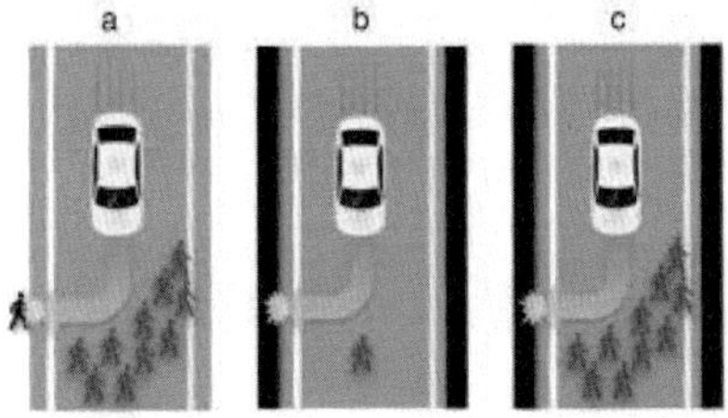

- 로봇3원칙은 물론 어떤 도덕 알고리즘을 장착하더라도, 이러한 윤리적 딜레마는 여전히 남음
- 이런 딜레마는 로봇일반(의료로봇, 군사용 로봇, 재난로봇 등 포함)에서 마찬가지로 발생함!

35

나쁜 로봇

- **[유형 1] (설계자의 고의나 해킹을 통해) 모종의 비(非)도덕적 알고리즘을 장착함으로써, 나쁜 (행위를 하는) 인공지능/로봇**
- 현재까지 구현된 바는 없으나, 가능성을 배제할 수 없음
- 어떤 내용의 (윤리적/비윤리적?) 알고리즘을 장착하느냐가 관건!
- 군사용로봇, 의료로봇 등 인간의 생명과 직결된 로봇의 경우, 이 위험은 더욱 중요!

36

나쁜 로봇

- **[유형 2] 기계학습을 통해 나쁜 행위를 학습함으로써, 좋은(착한) 행위를 하는 인공지능/로봇 →** 인간에게 피해를 줌 (예: ???)
- 통상의 환경은 좋은(착한) 행위/사람, 나쁜 행위/사람을 모두 포함하며, 인간의 도덕성은 불완전하고 불안정함
- 기계학습의 방법론적 특성상, 통상적 환경 속에서의 기계학습을 통해 나쁜 로봇으로 발달할 가능성이 열려 있음
- 결국 어떤 내용의 (윤리적/비윤리적?) 데이터를 학습하느냐가 관건!
- But 로봇이 학습할 데이터를 인간이 충분히 통제할 수 없으므로, 로봇의 나쁜 행위 학습을 완전히 차단할 수 없다는 것이 문제!

37

이상한(?) 로봇

[유형 1] 기술적 한계: **기술적 한계로 인해 인간에게 피해를 일으키는 로봇**

→ **예: 식별 문제**(Problem of Recognition)

자율주행자동차: 사람(보행자)과 동물(장애물)을 식별해야

- 군사용 로봇: 적군과 민간인을 식별해야

→ 이런 식별 문제는 그 자체로 기술적 문제일 뿐

→ 로봇기술(빅데이터를 통한 딥러닝, 컴퓨터 비전 기술 등)의 진보를 통해 어느 정도 해결 가능

38

이상한(?) 로봇

[유형 2] 방법론적 한계: **이상적 환경에 맞게 설계된 로봇이 현실의 돌발적 환경으로 인해 애초에 예상치 못한 행위를 하는 로봇**

예: 로봇청소기; 노인을 돕는 서비스 로봇

- 로봇이 실제로 처할 실제 환경(인간, 물리적 환경 포함)은 설계자가 알고리즘을 통해 예상한 이상적 환경과 다르기 쉬움

→ 로봇은 오작동, 즉 예상치 못한, 비정상적인(위험한) 행위를 할 수 있음

→ 로봇의 행위를 완벽하게 예측하는 것은 현실적으로 불가능

→ 이는 단순히 기술적 문제가 아니라, 로봇기술의 **<u>근본적인 방법론적 한계</u>**에 해당!

→ 군사용로봇, 의료로봇 등에서 발생할 경우 문제 더욱 심각

출처: https://designtoimprovelife.dk/nursebot-personal-mobile-robotic-assistants-for-the-elderly/

39

이상한(?) 로봇

[유형 3] 알고리즘의 복잡성:

- 로봇의 알고리즘은 엄청나게 많은 코드라인으로 이루어지는, 매우 complex 한 것임
- 학습하는 로봇의 경우에도 같은 문제 발생 가능

→ 로봇은 오작동, 즉 예상치 못한, 비정상적인 행위를 할 수 있음

→ 군사용 로봇, 의료로봇 등에서 발생할 경우 문제가 더욱 심각

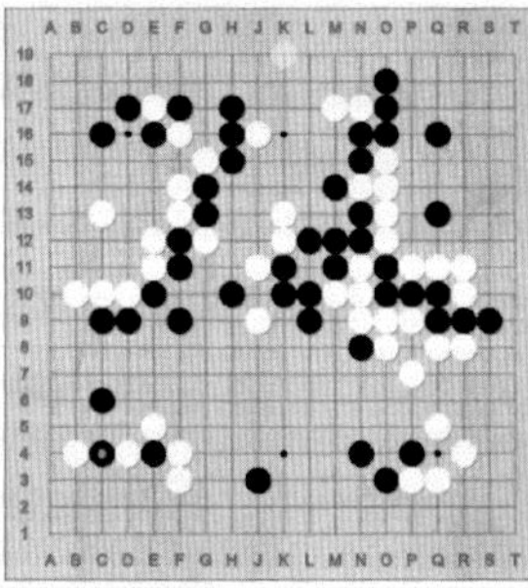

출처: https://gogameguru.com/lee-sedol-defeats-alphago-masterful-comeback-game-4/

40

초지능/완전자율로봇에 대한 우려보다 더 현실적인 우려

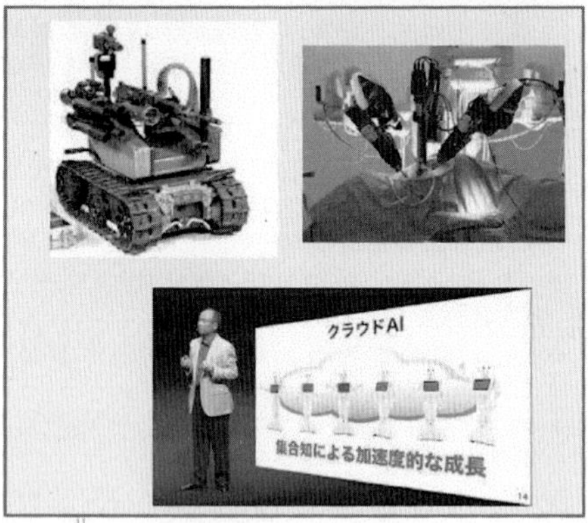

41

로봇의 도덕성: 좋은(착한) 로봇에 관한 마지막 문제

Q. 도덕 알고리즘을 장착했거나, 기계학습을 통해 좋은 행위를 학습한 로봇은 진정 "좋은(착한)" 로봇인가?

→즉 그런 로봇은 진정 "도덕성"(도덕적 이성이나 정서)을 가지고 있다고 말할 수 있을까?

→이것은 또 다른 문제!

→사실, 이런 상황은 로봇이 진정 "창의성", "예술성", "의미 이해", "감정"을 갖는가의 물음에 대해서도 마찬가지!

42

대답의 시작

"기계의 자율성이 커질수록 (기계가 준수할) 도덕적 기준이 필요하다" (Rosalind Picard 1997)

"로봇의 도덕을 구현하는 일은 인간을, 혹은 인간의 도덕을 이해하는 일이기도 하다" (Wallach & Allen 2009)

"로봇과 관련한 사회적, 윤리적 과제들은 로봇공학에서의 기술적 진보만으로 해결되지 않으며, (인간이 로봇의 사용 혹은 로봇과의 공존을 통해 어떤 목적을 추구하는 한) 로봇과 관련한 윤리적, 가치철학적 고찰은 불가피하다" (김건우)

"결국, 로봇학(로봇연구)은 로봇(기술)과 인간에 관한 총체적 이해를 지향하는 융합적 탐구로 나아가야 한다" (김건우)

43

주요 구체적 과제

(1) 나쁘거나 이상한 로봇 출현을 줄일 수 있는 기술적 진보
(2) 로봇에 구현할 최적의 도덕 알고리즘 연구
(3) 나쁘거나 이상한 로봇 출현을 줄일 수 있는, 로봇의 건전한(?) 학습 환경 조성 방안 모색(통상적인 환경에 그대로 노출시키는 것으로 충분?)
(4) 자율적 도덕 로봇(AMA)의 개발로 나아가기 위해, 로봇의 도덕성을 측정하고 평가하는 기준/방법을 마련
→ 일종의 도덕적 **Turing Test** 개발!
(5) 인간-로봇 상호작용(HRI)에 관한 연구 → 인간-로봇 간 관계 설정 (학문융합적 과제)

44

로봇윤리(Robot Ethics)와 로봇학(Robot Studies)을 향하여

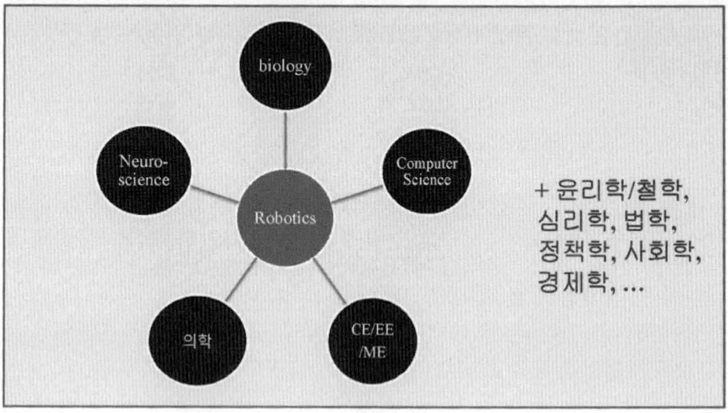

45

라. 핵무기 개발과 윤리

핵무기 소형화, 핵개발

연일 방송과 신문에서 북한의 핵개발과 미사일 발사와 개량에 대해서 보도하고 있고 우리나라와 미국을 비롯한 주변국들의 관심과 염려를 자주 일으키고 있다. 한편, 우리나라와 미국 정보통은 장거리 미사일에 탑재할 만큼 북한이 핵무기 경량화, 소형화에 성공했는지에 관해서 엇갈리는 견해를 피력하고 있다.

그리고 구소련의 해체 이후 소련의 통제 상실에 따른 결과로 소련의 핵무기가 소형의 핵배낭 상태로 테러 집단에 판매되어 우리 인류에게 끔직한 위험을 줄지도 모른다는 견해가 피력되곤 했었다.

<리틀보이 투하>[175]

175) www.ilbe.com

이러한 상황에 맞서 남한도 핵무기 개발에 착수해야 한다는 견해가 국회의원에게서 주장되기도 하고 핵개발은 불가하고 미국 사드 배치가 현실적이라는 견해, 중국과의 협력을 지키기 위하여 사드 배치에 대해서도 신중해야 한다는 견해 등이 요즘 방송에서 종종 토론이 벌어지고 있다.

제2차 세계대전을 종식시킨 미국의 히로시마와 나가사키에 투하된 원자폭탄-little boy & fat man-의 가공할 만한 위력을 경험하고, 미국과 소련의 원폭, 수폭 경쟁에 깊은 우려를 가진 미국과 소련의 외과 의사들의 만남으로 시작한 핵무기 제한의 합의에 힘입어 인류 평화 공존의 무드가 형성되기도 하였었지만 연이은 강대국들의 핵무기 소유와 그것에 위험을 느끼고 여러 외교 회담에서 우위를 갖기 위하여 여러 국가들이 핵무기 개발에 착수하였고 강대국과 그에 협력하는 나라들이 그들의 핵무기 개발에 반대하고 있다. 그렇지만 현재 핵무기 개발국들은 기존 강대국들이 핵무기를 소유하고 있으면서 그들의 핵무기 개발을 반대하는 것은 공평하지 않다고 주장하고 있다.

한편, 원전 등으로 인류의 삶에 긍정적인 측면으로 원자력 사용이 주장되고 있지만 체르노빌 사태, 후쿠시마 원전 사태 등 방사능 유출에 의한 큰 피해를 염려하고 원자력을 대체하는 에너지원 개발에 힘써야 한다는 원자력 반대 환경단체들의 주장도 많이 경험하고 있는 것이 현실이다.

원자력의 평화적 사용에 반대할 사람은 없겠지만 인류의 기술은 항시 어두운 측면, 즉 오용과 남용이 우리에게 불행을 안겨 줄 가능성 그리고 현실을 마주칠 수밖에 없는 상황에서 원자력 이용에 대한 도덕적 숙고가 의미를 가질 수밖에 없을 것이다.

윤리적 문제와 접근

이 분야에 대한 응용윤리학 영역을 '핵윤리'(nuclear ethics)라 일컫는다. 핵윤리의 주된 쟁점은 핵무기 개발, 원전 건설 등의 사회 현실을 인정하면서 그것에 대한 윤리적 책임의 균형 있는 조화점을 찾아내는 것이다. 핵개발을 통한 군사적, 정치적 우위를 차지하거나 균형을 이루고자 하는 현실주의자들의 입장이 옹호받기도 하고 그러한 행위는 집단 이기적인 태도이고 인류 평화를 위해서 자제와 통제가 필요하다는 윤리주의자들의 견해가 지지받기도 한다.

한편 산업 발전, 효율성 등을 위해서 원자력 발전이 합리적이라고 생각하는 견해와 원전의 방사능 유출 사고와 같은 환경 위험을

<후쿠시마 원전 사고>[176]

176) blog.daum.net

고려할 때 원전 증축 반대와 폐기 처분 그리고 대체에너지 개발이 도덕적인 판단이라고 보는 견해가 팽팽히 맞서고 있다. 과학기술에 전문성을 지니고 있었던 정치가 미국의 고어 전 부통령도 유엔 산하 '정부 간 기후변화 위원회'와 함께 노벨평화상 수상 결정을 통보받으면서, "작금의 환경문제는 정치적 맥락이 아니라 도덕적 맥락에서 접근하여야 한다"고 의미 있게 주장하고 있다. 그리고 물리학자 겸 환경론자였던 장회익 교수도 윤리문제를 다룰 때 적용대상을 개인, 국가에서 멈추지 않고 인류, 생태계까지 넓혀 고려해야 한다고 주장했다. 더 나아가 요즘 미래학자들은 핵, 원자력 문제도 환경윤리 등을 고려할 때 미래세대까지도 고려하면서 판단 내려야만 한다고 피력하고 있다. 이 글을 쓰고 있는 지금, 얼마 뒤 4월 하순에는 한국원자력산업회의가 '2016년 31회 한국원자력연차대회'를 부산에서 개최할 예정이고 이 분야의 세계 전문가들이 참석하여 의견을 교환할 것이고 세션 III의 주제는 '원자력 윤리와 지속성'으로 정해 놓고 있다.

세션 III 발표 중의 하나인 "Major Changes in Regulatory Organization for Nuclear Ethics since 2011"[177]을 아래에 소개한다.

177) 발표자인 김광암 변호사의 허가를 얻어 예시로 활용하고 있다.

<예시> Major Changes in Regulatory Organization for Nuclear Ethics since 2011 / 김광암

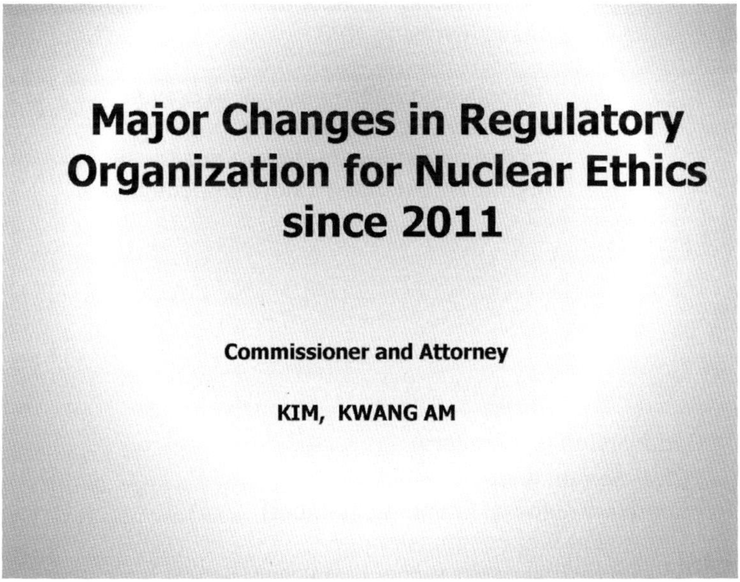

Background of changes of Regulation

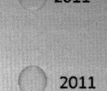

2011 — National consensus on changes of nuclear regulatory system mounting after the Fukushima accident

2011 — The official launch of NSSC, an independent government organization
- independent, stand-alone government agency (Minister level)

012-2014 — Experiencing number of setbacks of corrupt cases involving NPP

Effective countermeasures to prevent corruptive actions set up
- supervision on equipment qualification institutes, extended safety inspection, etc

NUCLEAR SAFETY AND SECURITY COMMISSION　KINS 2

NSSC Organization

- Commission (9 members)
  - Chairperson (vice-minister)
  - Secretary General (standing member)
  - 7 non-standing commissioners
    - consists of experts with various background : nuclear, environment, law, etc.
    - 3 members nominated by the government, 4 members by the national assembly
- Advisory Committee (15 members)
  - Members are senior experts from various technological areas
  - Chairperson

  ※ Ad-hoc subcommittees can be formed, if needed.
- Secretariat Office
  - 2 Bureaus and 10 divisions (total staff : 141)
  - 4 Regional Offices (Kori, Wolsong, Hanbit, Hanul)

KINS 4

* Interaction Mechanism

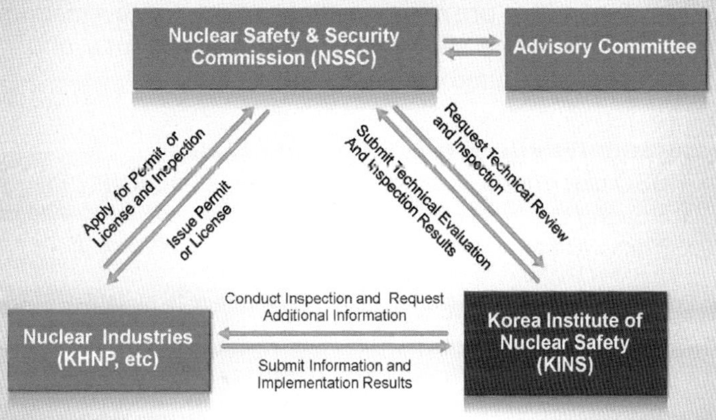

* Operation of the Commission

- **Commission's Meetings**
  - Meetings are held 2 times a month regularly
  - Resolutions shall be passed with the approval of a majority of the current commissioners
  - All meetings are required to be opened to the public unless the Commission decides otherwise
  - Meeting minutes and transcripts, digital recordings are disclosed to public
- **Commission's Main Decisions**
  - Approval of establishment of new NPPs and RR
  - Permit of operation and continued operation
  - Approval of the use of nuclear materials and RIs
  - Safety inspection, follow-up actions, punishments and sanctions
  - Safety management of radioactive wastes

NUCLEAR SAFETY AND SECURITY COMMISSION KINS 6

Operation of the Advisory Committee

- **Role of Advisory Committee**
  - The Committee provides practical advice, review matters subject to deliberation and resolution in advance, and perform consigned duties.
- **Establishment of Ad-hoc Committee**
  - NSSC can organize Ad-hoc Committees especially in following cases:
    - When a serious accident has occurred in safety systems of nuclear facilities
    - When environmental contamination occurs due to radiation leak
    - When there is a significant exposure to radiation

NUCLEAR SAFETY AND SECURITY COMMISSION KINS 7

Statutory Authorities of NSSC

- Act on the Establishment and Operation of the NSSC (NSSC Act)
  - Prescribes organization, roles and principles of NSSC
- Nuclear Safety Act
  - Prescribes safety management requirements for construction and operation of nuclear and radiation facilities; production, sales, and use of nuclear materials
- Act on Physical Protection and Radiological Emergency
  - Prescribes physical protection system of nuclear materials and nuclear facilities; and radiological emergency management systems
- Act on Safety Control of Radioactive Rays around Living Environment
  - Prescribes safety rules for managing radiation in residential areas
- Nuclear Damage Compensation Act (Nuclear Liability Act)
  - Prescribes compensation rules for nuclear damages
- Act on Indemnity Agreement for Nuclear Liability
- Act on Korea Institute of Nuclear Safety (KINS Act)

NUCLEAR SAFETY AND SECURITY COMMISSION KINS 8

Responsibilities of NSSC

- **Purpose of NSSC**
  - To protect citizens from any radiation hazards from production and use of atomic energy, promote public safety and contribute to environmental conservation (Article 1 of NSSC Act)
- **Major Responsibilities**
  - Rulemaking, codes and standards for nuclear regulation
  - Authorization of nuclear facilities, materials and activities
  - Inspection and enforcement for authorized facilities, materials and activities
  - Incident response and emergency preparedness
  - Physical protection of nuclear facilities and materials
  - Non-proliferation and safeguards activities
  - Export and import control of nuclear related materials and equipment

KINS 9

Responsibilities of KINS

- **Purpose and Establishment of KINS**
  - The purpose of KINS Act is to establish the KINS as a dedicated technical expert organization for nuclear safety regulation
  - To protect the public from radiation hazard arising from the production and utilization of atomic energy, and to protect the public health and environment (Article 1 of KINS Act)
- **Major Responsibilities**
  - Regulatory functions such as safety reviews, inspections, and development of regulatory technical standards and guidelines for the regulation of nuclear power plants and radiation facilities
  - Tasks described in Article 6 of KINS Act

NUCLEAR SAFETY AND SECURITY COMMISSION KINS 10

Major Activities (1)
Strengthen Nuclear Safety Management System

- Establishment of "Comprehensive Plan for Nuclear Safety"(2012-2016) and "Nuclear Safety R&D Plan"(2014-2018)
- Increased number of items of Periodic Safety Review
  - From 11 items to 14 items, according to IAEA SSG-25
- Increased Regulatory Activities based on the "Act on Safety Control of Radiation around Living Environment" (enacted in July 2012)
- Strengthening Regulatory Competency
  - Reform of the NSSC headquarter with 37 more staffs(36%)
  - Restructuring of the KINS organization using Matrix Sys.
  - HRD plan for new qualified manpower

NUCLEAR SAFETY AND SECURITY COMMISSION KINS 11

Major Activities (2)
Strengthen Nuclear Safety Management System

- Countermeasures to Prevent Corruptive Actions
  - Oversight of Licensee's Safety Culture (2016~)
  - Equipment & Material Tracking system and Real-name system will be established
    - To improve responsibility and transparency of licensee's operation
    - All records from construction to decommissioning of a NPP
    - Real names of employees from supply to disposal of all parts
  - Extended scope of safety inspection
    - Inclusion of designers, manufacturers, suppliers
    - Supervision on equipment qualification institutes
  - Judicial police authorities will be given to NSSC
  - Active reporting of violations(Ombudsman)
    - A reward of up to 1 billion KRW
    - Leniency programs to whistleblowers
  - Increased and new penalties about violations
    - Fine up to 30 million KRW, penalty up to 5 billion KRW

KINS 12

* Major Activities (3) Communication, Cooperation and Collaboration

- **Establishment of regional safety councils**
  - To discuss matters related with safety of the NPPs with local residents
  - Composed of representatives of local residents, experts recommended by local communities, public officers and council members of the municipalities, and NSSC and KINS officers
- **Establishment of Nuclear Safety Policy Coordination Committee**
  - To effectively manage nuclear safety policies and issues, and to prevent confusion between ministries
  - Composed of 20 Ministries in areas of nuclear power, radiation, emergency management
  - (Chairman) Chairman of NSSC

NUCLEAR SAFETY AND SECURITY COMMISSION KINS 13

* Revision of Act Nuclear Safety Act

- **Enhancing Regulatory Activities to prevent the use of CFSI** (enacted in May 2014)

Item	Before	Major changes
Vendor Inspection	Nuclear licensee and primary contractors	Nuclear licensee, designers, manufacturers, suppliers, contractors, vendors
Non-compliance reporting	None	Compulsory reporting of non-compliances
Contract notifying	None	Compulsory notifying of every contract

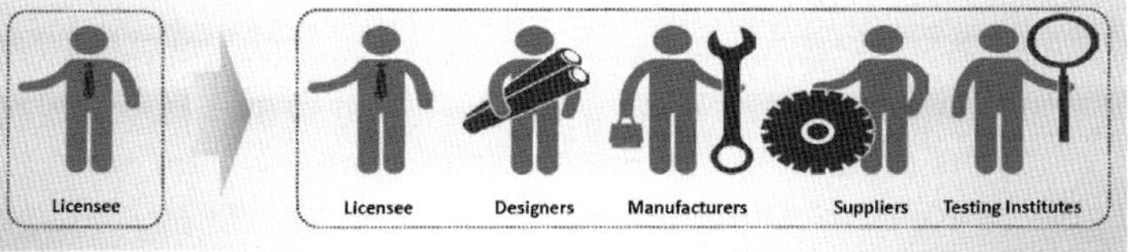

NUCLEAR SAFETY AND SECURITY COMMISSION KINS 14

Revision of Act
Physical Protection and Radiological Emergency Act

- **Extension of the Radiological Emergency Planning Zone** (enacted in May 2014)
  - Divide the existing Emergency Planning Zone (EPZ) into the Precautionary Action Zone (PAZ) and the Urgent Protective action Planning Zone(UPZ)
  - Meet the level of safety standards of the IAEA, and employ lessons learned from the Fukushima accident

Item	Newly Introduced
Emergency Preparedness and Response	Revision of the Radiological Emergency Planning Zone - Precautionary Action Zone: 3~5km - Urgent Protective action Planning Zone: 20~30km

NUCLEAR SAFETY AND SECURITY COMMISSION KINS 15

Post-Fukushima Action Plan

- **Action items of the Fukushima lessons-learned Program**
  - **50 items, recommended by a Special Task Team (regulatory staff + experts)**
  - **10 additional items addressed by the licensee through their own voluntary self assessment**
- **Current Status**
  - **44 of 50 action items have been implemented so far**
  - **Effectiveness review was conducted in 2014 and additional three action items were raised**
  - **Nuclear Safety Act was amended to require Accident Management Program as an operating license condition**
    - **The remaining Fukushima action items will be dealt within this requirement**

NUCLEAR SAFETY AND SECURITY COMMISSION KINS 16

Major Post-Fukushima Safety Upgrade

Earthquake	Equipment to automatically shut down reactors was installed
Flooding of Sea water	Flood barriers were reinforced. Flood control gates and water-tight drainage pumps were installed.
Loss of Power	Each site secured emergency power generating cars. Supplementary EDGs were reinforced.
Hydrogen Explosion	Hydrogen removal devices that work without electricity were installed. Pressure reducing equipment was installed in containment buildings.
Emergency Response	Additional protective gears for residents were secured. Emergency drills were improved.

Stress Test for operating reactors

- **The Fukushima accident prompted the concerns about the vulnerability to extreme hazards;**
  - **comprehensive stress tests for old NPPs including Wolsong 1 and Kori 1 which are operating with the approval of continued operation, has been conducted.**
- **The NSSC decided to conduct Stress Test for all the remaining operating NPPs**
  - **Insights from the results of Wolsong and Kori stress tests will be used**
  - **Stress Test Process**

Evaluation Guideline	Evaluation	Verification of Evaluation	Final Decision
NSSC & KINS	KHNP	KINS Review	NSSC

마. 연구 윤리

연구자의 사회적 책임, 거대과학

미국과 일본의 태평양전쟁 종식과 일본의 항복을 가져온 히로시마, 나가사키 원폭투하는 과학기술의 발달 결과 사용이 인류에게 얼마나 막대하고 끔찍한 결과를 초래한다는 사실을 우리에게 보여 준 사건 중의 하나였다. 그 사건 이후 그러한 끔직한 피해를 주는 원폭개발의 과학기술을 제공한 과학자들에게 비난의 화살이 쏟아졌다. 과학자들은 그 비난이 자기들이 아니라 정치가, 군인들에게 가야 한다고 항변하면서 원자력 개발이 에너지 문제 해결 등의 우리 삶에 얼마나 긍정적 결과를 낳을 것인가에 대해 힘주어 주장하였다. 하지만 원폭개발의 중추 멤버 중의 하나인 오펜하이머는 미국 수폭 개발에 반대하였다; 하지만 오펜하이머 라이벌 과학자 텔러의 주도 아래 미국은 수폭 개발에 성공을 거두었다.

히틀러 나치군의 유태인 가스실-화학, 생물학의 발전의 결과로 많은 가스 제조 가능- 학살을 겪으면서 독일 실존철학자들은 '본질'을 추구하는 과학의 오용, 남용의 예들을 보면서 '실존'의 중요성을 "'본질'보다 '실존'이 앞선다"라고 외쳤다.

우리나라에서는 최근의 '황우석 사건'을 겪으면서 과학자와 사회, 도덕과의 관계에 대한 관심과 중요성이 부각되고 있다. 이런 상황에서 학계, 정부, 사회 일반에 있어서도 과학자의 사회적 책임에 대한 주제가 부각되고 있다.

한편, 근·현대에 들어 과학의 규모가 여러 측면에서 거대화되는 추세에서 과학자의 잘못이 여러 가지로 막대한 손실을 끼칠 수 있다는 것을 감안할 때 이 주제는 현실적으로도 중요한 현안이 되고 있다. 이런 상황에서 전에는 주목받지 못했던 과학기술정책에 대한 깊고, 넓고, 멀리, 사리에 맞고 논리적 분석의 방법을 방법론으로 채택하고 있는 '과학기술정책의 철학' 등이 최근 학문 영역으로 부상하고 있다.

최근 합성생물학의 발전, 뇌과학 및 인공지능, 빅 데이터 등의 발달에 힘입은 알파고 사건 등으로 인간과 기계의 공존을 쉽게 내다볼 수 있는 작금에 과학기술 연구 및 개발을 리드하는 과학기술자들의 연구 윤리가 아주 중요한 이슈가 될 수밖에 없는 현실이다.

우선 먼저 '연구(자) 윤리'(research ethics)란 무엇인가를 살펴보자:

과학자, 특히 의료 계열처럼 생명을 직접 다루어야 하는 분야에서 특히 더 중요성을 강조하는 윤리적 가치관이다. 인간 혹은 동물을 대상으로 하는 실험을 할 때라든지, 과학자로서의 권위를 이용하여 정치적 프로파간다를 한다든지, 논문 표절이나 위조, 날조 등 과학자로서 윤리를 저버린다든지 하는 것도 문제 삼는다.

과학을 너무 이익과 손해, 수단과 방법을 가리지 않는 결과창출 등의 관점으로 접근하고 인간에 대한 도리를 져버렸다간 전쟁 중 생체실험이나, T-4 프로그램 같은 결과를 낳을 수 있겠다는 과학계의 반성으로 사실상 나치 전범 재판인 뉘른베르크 전범 재판 이후 나온 뉘른베르크 강령 때 처음 도입된 개념이다. 뉘른베르크 강령은 국제적 연구윤리 표준을 제시했다는 점에서 역사적으로도 가치가 있다. 이 뉘른베르크 강령을 수정 보완해서 새로 만든 게 헬싱키 선언이고, 미국에서 벌어진 터스키기 매독 생체실험 사건의 충격으로 미국 의회에서는 벨몬트 보고서라는 미국 자체 표준을 만들었다.

바로 이 연구윤리 개념으로 인해, 사회과학자들이 그들의 연구방법론으로서 실험법을 사용하는 것에 큰 제약이 존재한다. 실험이 엄밀하고 정교하고 설득력 있다는 걸 몰라서 안 쓰는 것이 아니다. 썼다가는 난리가 나기 때문에 함부로 쓰지 못하고 입맛만 다시고 있는 것이다. (……) 당장 심리학의 밀그램의 복종 실험이나 스탠퍼드 교도소 실험의 사례를 상기해 보자. 그나마 이것도 현대에 들어서 뒤늦게 강화되고 정립된 측면이 크다. 그래서 20세기 후반에 박사학위를 취득한 나이 지긋하신 연구자들은 요즈음 하루가 다르게 연구윤리 기준이 강화되고 있다고 생경함을 하소연하기도 한다.

어떤 학생이 대학원에 입학하게 되면 매 학기에, 혹은 한 번 이상 반드시 (적어도) 1시간 이상의 연구윤리 교육을 이수해야만 한다. 문제는, 가르치는 사람이나 배우는 사람이나 연구윤리 교육에 대해서 그냥 한번 의무적으로 듣고 넘겨야 할 무언가로 여기는 경우가 많다는 것. 정말로 연구윤리가 위반되었을 때 발생할 수 있는 학술적, 사회적 후폭풍을 막기 위한 열의를 보이는 사람들은 흔치 않다. 모든 학생과 연구원들이 일괄적으로 이수해야 하므로, 생물, 생명 혹은 의료와 전혀 관계없는 순수 공학자(예: 로봇공학)들에게도 똑같이 적용된다. 내용을 해당 전공에 맞게 바꾸는 것도 아니고, 의료윤리학 교육을 그대로 가져오다 보니, 전혀 공감도 못 느낄뿐더러 완벽한 시간낭비로 여긴다.[178]

178) https://namu.wiki/w/%EC%97%BO%EA%/B5%/AC%EC%9C%A4%EB%A6%AC

연구(자) 윤리의 전개와 원칙

'연구(자) 윤리'(research ethics)의 역사는 앞에서 살펴보았듯이 제2차 세계대전 종식과 더불어 본격적으로 논의를 지속적으로 진행해 왔다. 그 과정 속에서 주요 원칙으로 합의해 왔던 것들을 정리해 보면 다음과 같다:

<뉘른베르크 재판>[179]

뉘른베르크 강령

제2차 세계대전 이후, 뉘른베르크 전범 재판이 열리고 요제프 멩겔레나 카를 게프하르트, 카를 브란트, 지크문트 라셔, 발데마어 호펜, 빅터 브라크, 카를 클라우베르크, 호르스트 슈만 등 그와 유사한

179) namu.wiki

인체실험을 했던 의사나 과학자들에 대한 비판과 반성을 통해 만들어진 과학자의 연구윤리 기준이다.

나치 정권하에서 정말 끔찍할 정도로 많은 유태인이 학살당했고, 과학과 의학의 이름 아래 멩겔레의 경우 쌍둥이 실험으로만 10만 명을, 그 외의 과학자들이 실험쥐 대하듯 인간을 대했던 것, 충격과 공포의 역사로 기록되었다.

의사 20명과 의료행정가 3명이 의학의 이름을 팔아 행한 살인과 고문, 생체실험에 대해 기소를 받았고 7명이 교수형을 받았다. 뉘른베르크 강령에는 과학자가 지켜야 할 10가지 강령이 담겨 있다.

·

·

·

1. 인체실험대상자의 "충분한 정보에 근거한 자발적인 동의"는 절대적으로 필수적이다. 이것은 실험대상자가 동의를 할 수 있는 법적 능력이 있어야 한다는 의미이며, 어떠한 폭력, 사기, 기만, 협박, 술책의 요소가 개입되지 않고, 배후의 압박이나 강제가 존재하지 않는 가운데 스스로 자유롭게 선택할 수 있는 권한이 주어진 상태이어야 하며, 이해와 분명한 지식에 근거한 결정을 할 수 있도록 충분한 지식과 주관적 요소들에 대한 정보를 제공하여야 한다는 의미이다. 후자를 충족시키기 위해서는 실험대상자가 내린 긍정적인 결정을 받아들이기 전에, 그에게 실험의 성격, 기간, 목적, 실험 방법 및 수단, 예상되는 불편 및 위험, 실험에 참여함으로써 생길 수 있는 건강 이상 등 영향에 대하여 알려야 한다. 동의의 질을 보장하기 위한 의무

와 책임은 실험을 시작하고 지도하며 참여하는 연구자 개개인에게 있다. 이것은 타인에게 법적인 책임을 지지 않고서는 위임할 수 없는 개인적 의무이자 책임이다.

2. 연구는 사회의 선을 위하여 다른 방법이나 수단으로는 얻을 수 없는 가치 있는 결과를 낼 만한 것이어야 하며, 무작위로 행해지거나 불필요한 연구이어서는 안 된다.

3. 연구는 동물실험 결과와 질병의 자연경과 또는 연구 중인 여러 문제에 대한 지식에 근거를 두고 계획되어야 하며, 예상되는 실험결과가 실험 수행을 정당화할 수 있어야 한다.

4. 연구는 불필요한 모든 신체적, 정신적 고통과 상해를 피하도록 수행되어야 한다.

5. 사망이나 불구를 초래할 것이라고 예견할 만한 이유가 있는 실험의 경우에는 연구진 자신도 피험자로 참여하는 경우를 제외하고는 시행해서는 안 된다.

6. 실험에서 무릅써야 할 위험의 정도가 그 실험으로 해결할 수 있는 문제의 인도주의적 중요성보다 커서는 안 된다.

7. 손상과 장애, 사망 등 매우 적은 가능성까지를 대비해서 피험자를 보호하기 위한 적절한 준비와 적합한 설비를 갖추어야 한다.

8. 실험은 과학적으로 자격을 갖춘 사람만 수행하여야 한다. 실험에 관련되어 있거나 직접 수행하는 사람은 실험의 모든 단계에서 최고의 기술과 주의를 기울여야 한다.

9. 실험을 하는 도중이라도 피험자는 신체적, 정신적 한계에 도달했기 때문에 더 이상 실험을 지속할 수 없다는 생각이 들면 실험을 끝낼 자유를 가진다.

10. 실험 과정에서, 실험을 주관하는 과학자는 자신에게 요청된 성실성, 우수한 기술과 주의 깊은 판단에 비추어, 실험을 계속하면 피험자에게 손상이나 불구, 또는 사망을 초래할 수 있다고 믿을 만한 이유가 있으면 어떤 단계에서든지 실험을 중단할 준비가 되어 있어야 한다.

국제사회에서 채택된 최초의 의학실험 연구윤리 강령으로 중요하다.[180]

이후 뉘른베르크 강령이 수정, 보완되어 헬싱키선언이 나왔다:

헬싱키선언

정식명칭은 '사람을 대상으로 한 의학 연구에 대한 윤리적 원칙'이다.

1964년 핀란드 헬싱키에서 열린 제18회 세계의사협회 총회에서 채택된 의료 연구윤리 선언으로, 제2차 세계대전 동안 벌어진 나치의 인체실험 만행에 대한 반성에서 나온 1947년의 뉘른베르크 강령을 수정 보완하여 만든 규범이다.

이러한 생각을 바탕으로 1953년부터 세계의사회는 인체실험 문제를 더욱 전문적으로 다루기 시작했다. 법률가들이 재판을 위해 만든 뉘른베르크 강령에서 더 나아가, 의사들이 스스로 전문적인 지침을 만들 필요가 있다는 점이 강조되기 시작한 것이다.

헬싱키선언의 골자는 그대로 이어져서 각 대학교들의 연구윤리위

180) https://namu.wiki/w/%EC%97%BO%EA%/B5%/AC%EC%9C%A4%EB%A6%AC

원회 설치에 반영되어 왔다. 즉, 각 대학교 연구윤리위원회의 강령은 헬싱키선언에 크게 의지하고 있다.

.

.

.

1. 인간을 대상으로 하는 생명의료연구는 일반적으로 승인된 과학원칙에 따라야 하며, 적절히 시행된 실험·동물실험의 근거가 있어야 한다.

2. 실험의 계획 및 시행은 국내법 규정에 따라 독립적인 위원회의 사전 심의를 거쳐야 한다.

3. 자격 있는 유능한 과학자의 책임하에 연구를 진행해야 한다.

4. 연구 목적의 중요성은 위험과 균형을 이루어야 한다.

5. 피험자의 이익에 대한 고려를 과학 및 사회의 이익에 우선시해야 한다.

6. 신체의 완전성에 대한 권리, 프라이버시를 존중해야 한다.

7. 연구에 따른 위험이 잠재적 이익보다 크다고 판단할 때에는 연구를 중단해야 한다.

8. 연구결과를 발표할 때 의료진은 결과의 정확성을 유지하고, 이 선언에 규정된 원칙을 따라야 한다.

9. 연구 자체의 목적과 방법, 예견되는 이익과 내재하는 위험성, 그에 따르는 고통 등에 관하여 피험자에게 사전에 충분히 알려 주어야 하며 또한 그들로부터 충분한 설명에 근거하여 자유로이 이루어진 동의를 받아야 한다.

10. 이때 동의는 그 연구에 참가하지 않고, 독립된 지위에 있는 의료인이 받아야 한다.

11. 법률상 무능력자에 대해서는 국내법에 따라 법적 대리인의 동의를 얻어야 한다.

12. 연구자는 모든 재정적 이해관계를 윤리심사위원회와 잠재적 연구 참여자에게 밝혀야 하며, 간행되는 논문에도 이를 명시해야 한다.

13. 새로운 치료의 유효성을 지지하지 않는 반대연구의 결과도 발표되어야 한다.

14. 학술 잡지는 이 선언의 원칙을 준수하지 않는 보고서를 수용해서는 안 된다.

이후 꾸준히 개정되었다.

·

·

·

- 2008년 대한민국 서울에서 열린 제59회 세계의사협회 총회에서 6차 개정[181]

한편, 미국에서 채택된 연구 윤리 기준의 하나가 **Belmont Report** 인데 앨라배마 주 터스키기에서 **1932**년부터 **40**여 년간 인권유린을 자행한 터스키기 매독 생체실험 사건이 세상에 폭로되자 미국 의회에서 **1974**년 국가연구법을 통과시키고, 이 법이 **1978**년 '임상시험의 인간 피험자를 보호하기 위한 윤리원칙과 가이드라인'(Ethical Principles and Guidelines for the Protection of Human Subjects of

181) https://namu.wiki/w/%EC%97%BO%EA%/B5%/AC%EC%9C%A4%EB%A6%AC

Research)을 낳고 1979년에 이르러 벨몬트 보고서가 되어 세상에 나왔다:

여섯 개의 기본 윤리 원칙을 근간으로 한다. '인간 존중'(Respect for Person), '선행'(Beneficent), '정의'(Justice), '신의'(Fidelity), '악행금지'(Non-Maleficence), '진실'(Veracity)이 그 내용이며 이 원칙들 중 유사한 걸 다시 묶어 현재 모든 임상시험에서 기초 윤리로 삼는 '인간 존중', '선행', '정의'의 세 가지 원칙이 제시되었다.[182]

황우석 사건이 우리에게도 '연구 윤리'에 대한 연구와 보고서들을 생산케 했다. 그런데 연구 윤리 원칙들이 과학기술 일반에 보편적으로 적용될 사항도 있겠지만 특수한 과학기술 연구에 국지적으로 적용되어야만 할 성격들이 있을 것이다. 특히 윤리적 판단의 대상이 인간을 벗어나 동물, 생태계 더 나아가 로봇 등에게도 확장되는 경우에는 새로운 국면이 있을 것으로 예상된다. 지속적인 탐구가 필요할 것으로 전망된다.

182) https://namu.wiki/w/%EC%97%BO%EA%/B5%/AC%EC%9C%A4%EB%A6%AC

참고문헌

고인석(2004), 「로봇 윤리의 기본 원칙: 로봇 존재론으로부터」, 『범한철학』 75집(겨울), 401-424쪽.

김건우(2016), PPT 「포스트휴먼 시대의 로봇 윤리: 좋은 로봇, 나쁜 로봇, 이상한 로봇」, 『광주과학기술원 2016. 4. 24. 심포지엄: 미리 보는 인공지능과 로봇의 세상』.

김광암(2016), PPT 「Major Changes in Regulatory Organization for Nuclear Ethics since 2011」, 『2016 31회 한국원자력 연차대회 세션 III '원자력 윤리와 지속성'』.

장대익 & 이민섭(2016), 「도덕 심리학의 개념적 쟁점과 윤리학적 함의」, 『한국과학철학회 2016 동계학술발표회집(신경과학과 로봇의 철학적 쟁점)』, 49-67쪽.

정광수(2001), 「인간개체복제에 대한 윤리적 검토」, 『과학철학』 8권, 73-94쪽.

______(2005), 「첨단 정보기술사회의 프라이버시 문제」, 『범한철학』 38집(가을), 71-90쪽.

______(2007), 「해킹에 대한 윤리적 검토」, 『범한철학』 46집(가을), 245-262쪽.

______(2013), 『과학기술철학연구』, 파주: 한국학술정보㈜, 이담 Books.

______(2015), 『모던 과학철학과 포스트모던 과학철학』, 파주: 한국학술정보(주).

나무위키(2016. 5. 22), 「연구 윤리(research ethics)」, https://namu.wiki/w/%EC%97%BO%EA%/B5%/AC

Baier, K.(1958), *The Moral Point of View,* Ithaca, N.Y.: Cornell University Press, 8, 11, 12장.

Frankena, W. K.(1973), *Ethics,* 2d. ed., Englewood Cliffs, New Jersey: Prentice-Hall, Inc., [박봉배 역(1982), 『윤리』 7판, 대한기독교서회(서울)].

Hare, R. M.(1991), *The Language of Morals,* Oxford: Oxford University Press.

Kant, I.(1785), *Immanual Kant, Groundwork of the Metaphysics of Morals,* trans. H. J. Paton in *The Moral Laws*(1948).

Kim, H. G.(2015), PPT 'Philosophy of Semantics Based Data Intensive Science', *The 5th East Asian and Pacific Conference on Philosophy of Science, THE PHILOSOPHY OF SCIENCE AND THE SCIENCE-TECHNOLOGY CIVILIZATION IN THE 21ST CENTURY,* pp.9-25.

Mill, J. S.(1949), *Utilitarianism,* New York: Liberal Arts Press, A Little Library of Liberal Arts paperback.

Nye, Jr., J. S.(1988), *Nuclear Ethics,* New York: The Free Press, A Division of Macmillan, Inc.

Parfit, D.(1984), *Reasons and Persons,* Oxford: Oxford University Press.

Ross, W. D.(1930), *The Right and the Good,* Reprinted with an introduction by P. Stratton-Lake(2002), Oxford: Oxford University Press.

정광수

현) 전북대학교 자연과학대학 과학학과 교수
교육과학기술부 과학문화연구센터(SCRC) 통합센터장
전북대학교 STS 미래사업단장
한국과학철학회 편집인

『모던 과학철학과 포스트모던 과학철학』(2015)
『과학적 실재론』(2014)
『과학기술철학연구』(2013)
『과학기술과 문화예술』(2010), 2011년 대한민국학술원 선정 우수학술도서
『한국의 과학문화』(2003)
『과학학 개론』(2001)
「과학적 세계관과 인간관」(2011)
「과학과 예술의 공약가능성과 한계」(2009)
「해킹에 대한 윤리적 검토」(2007)
「첨단 정보기술사회의 프라이버시 문제」(2005)
「인간개체복제에 대한 윤리적 검토」(2001)

과학기술 윤리연구

초판인쇄 2017년 1월 31일
초판발행 2017년 1월 31일

지은이 정광수
펴낸이 채종준
펴낸곳 한국학술정보㈜
주소 경기도 파주시 회동길 230(문발동)
전화 031) 908-3181(대표)
팩스 031) 908-3189
홈페이지 http://ebook.kstudy.com
전자우편 출판사업부 publish@kstudy.com
등록 제일산-115호(2000. 6. 19)

ISBN 978-89-268-7810-1 93190

책에 대한 더 나은 생각, 끊임없는 고민, 독자를 생각하는 마음으로 보다 좋은 책을 만들어갑니다.